全民科学素质行动计划纲要书系

热门电脑丛书

如何用电脑制作Flash动画

晶辰创作室 ● 编著

科学普及出版社

·北 京·

图书在版编目（CIP）数据

如何用电脑制作 Flash 动画／晶辰创作室编著．—北京：科学普及出版社，2009.1
（热门电脑丛书）
ISBN　978-7-110-06876-2

I．如… II．晶… III．动画–设计–图形软件，Flash　IV．TP391.41

中国版本图书馆 CIP 数据核字（2007）第 201818 号

热门电脑丛书

如何用电脑制作 Flash 动画

晶辰创作室　编著

出版发行：科学普及出版社
社　　址：北京市海淀区中关村南大街 16 号
邮政编码：100081
电　　话：010－62103210
传　　真：010－62183872
网　　址：http://www.kjpbooks.com.cn
印　　刷：北京正道印刷厂印刷
开　　本：787 毫米×1092 毫米　1/16
印　　张：8.25
字　　数：201 千字
版　　次：2009 年 1 月第 1 版　2011 年 8 月第 2 次印刷
书　　号：ISBN　978-7-110-06876-2/TP·188
印　　数：5001—8000 册
定　　价：25.00 元

内 容 简 介

　　这是一本面向具体应用的电脑书籍，它不是笼统抽象地说电脑能干些什么，也不是洋洋洒洒地去一一罗列电脑软件的具体功能，而是教会你如何运用电脑去完成实际工作，解决具体问题，让电脑真正地使你能够以一当十，成倍提高工作效率，让你的梦想成真，涉足过去只能想而难以做的事。

　　本书以流行动画制作软件Flash 8为工具，通过源自生活的具体范例，深入浅出地探讨了在动画制作过程中所涉及的时间轴与帧的关系、形状与动作补间动画的完成、脚本动画的设计以及各种特效的应用等诸多方面，并给出了多种生动形象的示范案例。

　　通过本书的学习，你将学会在电脑上制作动画的基本方法，从而为自己增加了更为生动活泼、丰富多彩的表现手段。

策划编辑 徐扬科
责任编辑 张晓林
特邀编辑 王 潜
责任校对 孟华英
责任印制 李春利
封面设计 耕者设计工作室

《热门电脑丛书》编委会

前 言

　　人类前进的历史，犹如大江奔流，滔滔不息。

　　我们曾经美慕鸟儿能自由飞翔在蓝天，于是发明了飞机，它带着我们的梦想，所以飞得更远。

　　我们曾经幻想月亮上住着梦中的天仙，于是登上月球去寻找她的仙踪。

　　我们曾经以为那遥远的地平线是永生无法到达的终点，而如今相距天涯的我们却能对面相视而谈。

　　这是一个神奇的世界，这是一个数字潮流时刻奔涌不息的时代。

　　这一切都是因为有了电脑和因特网！

　　是电脑和因特网让地球小了起来。我们可以通过网络即时通讯软件与他人沟通和交流。不管你的朋友是在你家隔壁还是在地球的另一端，他的文字、他的声音、他的容貌可以随时在你眼前呈现。

　　是电脑和因特网让世界动了起来。博客、播客、威客、BBS……网络为我们提供了充分展现自己的平台，每个人都可以通过文字、声音、视频表达自己的观点，探求事情的真相，与朋友分享自己的喜怒哀乐。网络就是这样一个完全敞开的世界，我们的交流没有界限。

　　是电脑和因特网让生活炫了起来。平淡无奇的日常生活让我们丧失了激情，现在就让网络来把梦想点燃吧！你可以制作漂亮的照片，编录精彩的视频，让每个人都欣赏你的风采；你可以下载动听的音乐，观看最新的电影，让自己的生活不再苍白；你可以搜寻最新的商品，"晒"出自己的家当，不管是网上购物还是以货换货，你都可以让生活随自己所愿，永远走在时尚的最前端。

　　是电脑和因特网让我们强大起来。过去我们用身体上班，靠手脚出力，事事亲力亲为，一天下来常常疲惫不堪。现在我们用大脑工作，指挥电脑一天完成一个人过去一万年十万年也完成不了的事；我们足不出户，却可通过搜索引擎知晓天下事情的来龙去脉；借用三维图像软件，我们甚至可以在亦真亦幻的虚拟现实世界里自由徜徉，让自己的梦想成真；凭着电脑，我们还能在瞬息万变、风起云涌的证券市场抢得先机，镇定自如，弹指一挥间锁定成千上万的财富……

电脑可以做的事情还有太多太多。

其实不仅仅是电脑，也不仅仅是因特网，这股数字化、信息化的发展洪流正在让我们的世界观面临着巨大的改变。它为传统产业带来新的生机，更造就了许多的科技新贵。在这股洪流中，我们只有更快更多地了解它、接受它，才可以更好地利用它、掌握它，争做最先。

为了帮助更多的人更好更快地融入这股潮流，2000年在科学普及出版社的鼓励与支持下，我们编写出版了《电脑热门应用与精彩制作丛书》。弹指间八年光阴已逝，很多技术有了发展，新的应用更是层出不穷，为了及时反映这些最新的科技成就，我们在上一套丛书成功出版的基础上重新修订编写了这套《热门电脑丛书》，以更开阔的视野把当今电脑及网络应用领域里的热点知识和精彩应用介绍给读者。

在此次修订编写过程中，我们秉承既往的理念，以提高生活情趣、开拓实际应用能力为宗旨，用源于生活的实际应用作为具体的案例，尽力用最简单的语言阐明相关的原理，用最直观的插图展示其中的操作奥妙，用最经济的篇幅教会你一门电脑知识、解决一个实际的问题，让你在掌握电脑与网络知识的征途中踏上一个全新的起点。

电脑并不高深，网络也并不复杂，只要你找到一个好的向导，就可以很快走进这个奇妙的世界。愿我们这套丛书成为你的好向导！

晶辰创作室

目　录

CONTENTS

目 录

CONTENTS

第1章

闪亮登场　Flash 8 初识

本章要点

- ☑ Flash 的应用领域
- ☑ Flash 8 的安装
- ☑ Flash 8 的操作环境
- ☑ 设置 Flash 8 的工作环境

章 首 语

　　Flash 是美国 Macromedia 公司推出的优秀网页动画设计软件。它是一种交互式动画设计工具，用它可以将音乐、声效、动画以及富有新意的界面融合在一起，以制作出高品质的网页动态效果，至今已发展至第 8 版，也就是我们在本书中要介绍给大家的 Flash 8。

　　Flash 已经慢慢成为网页动画的标准，成为一种新兴的技术发展方向。本章将对 Flash 软件进行简单的介绍，并对 Flash 8 的安装、操作环境等进行讲解。面对这么不可多得的设计工具，你还等什么，赶快加入 Flash 的行列，开始学习吧！

Flash 的应用领域

    Flash 最开始是网页动画设计的辅助工具，但随着其不断发展更新，功能不断增强，Flash 被越来越多的领域所应用，从 Flash 的应用现状来看，其应用领域主要可分为以下几个方面：网页制作、网络广告、音乐动画、在线游戏、多媒体展示等。由于 Flash 制作的网站具有动感、美观、时尚的特点，因此其更多地用于音乐、时尚、地产类网站。

> Flash 网站界面大都清新漂亮，同时还配有背景音乐

    图 1 所示为纯 Flash 制作的网站效果。在网络广告方面，由于网络的一些特点，决定了网络广告必须要短小、美观、交互能力强，而 Flash 完全符合这些要求，因此其在网络广告中得到了广泛的应用。除了文字类的广告外，大部分的网络广告都是 Flash 形式的。图 2 中展示了几个网络 Flash 广告。

提示与说明

    Flash 网络广告有 Banner、弹出广告、侧栏广告、整页广告等多种形式。

现在网络上有大量的 Flash MV（音乐视频），也就是音乐动画，类似于 MTV，只不过场景换成了 Flash 动画形式。由于 Flash 对矢量图以及对视频、声音的良好支持，所以当之无愧地成为了网络上音乐动画制作的最有力工具。同时，Flash 作品便于在网络上发布交流，最近更是掀起了一股"闪客"的流行时尚。图 3 中展示了一个音乐动画的效果。

Flash 应用于在线游戏和多媒体展示主要得益于其良好的交互性，Flash 发展到最新版本，脚本功能变得越来越强大，甚至可以将其看成一个简化版的编程开发环境。Flash 游戏制作周期短，开发快，操作简单，趣味性强，被大量的网友所喜爱。同时由于 Flash 具有强大的绘图功能，因此 Flash 游戏界面非常漂亮、娱乐性很强。这是 Flash 应用发展的一个方向，图 4 展示了一个当前很流行的 Flash 游戏——挖金子的画面。

在多媒体展示方面，Flash 可用于企业形象展示、公司介绍等方面；在教学领域，Flash 所制作的教学多媒体课件已经有广泛的应用，Flash 凭借其强大的媒体支持功能和丰富的表现手段，在多媒体课件应用方面的发展越来越迅速。

Flash 8 的安装

Flash 8 可以安装在 Windows 98 及更高版本的系统中，可以在 Macromedia 的官方网站（www.macromedia.com）上下载到"Flash 8"的试用版，试用期为 1 个月，除时间限制外其他方面没有任何限制，和正式版功能完全一样，试用期满后，需要购买序列号才能使用。下载完毕后，直接双击安装文件图标，即开始解压缩，并进入欢迎界面，如图 1 所示。

Flash 8 安装程序的欢迎界面

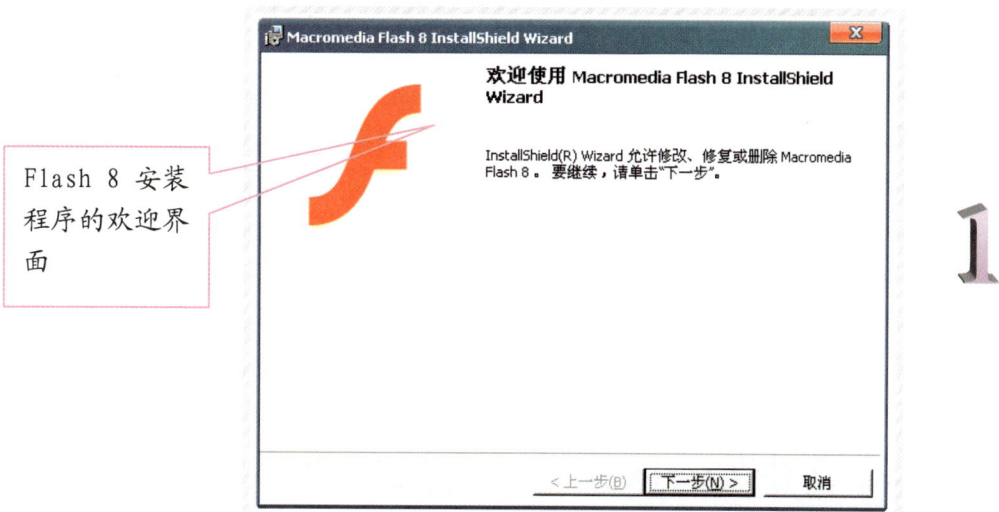

1

进入欢迎使用画面后，单击【下一步】按钮继续，接下来会出现软件许可证协议，请在阅读完毕后单击【是】按钮继续安装。紧接着是指定安装路径画面，如图 2 所示，如果要更改 Flash 的安装目录，请单击【更改】按钮选择新的安装目录，如果不更改，Flash 将默认安装在 C 盘 Program Files 目录下，设定好目录后单击【下一步】按钮继续。

2

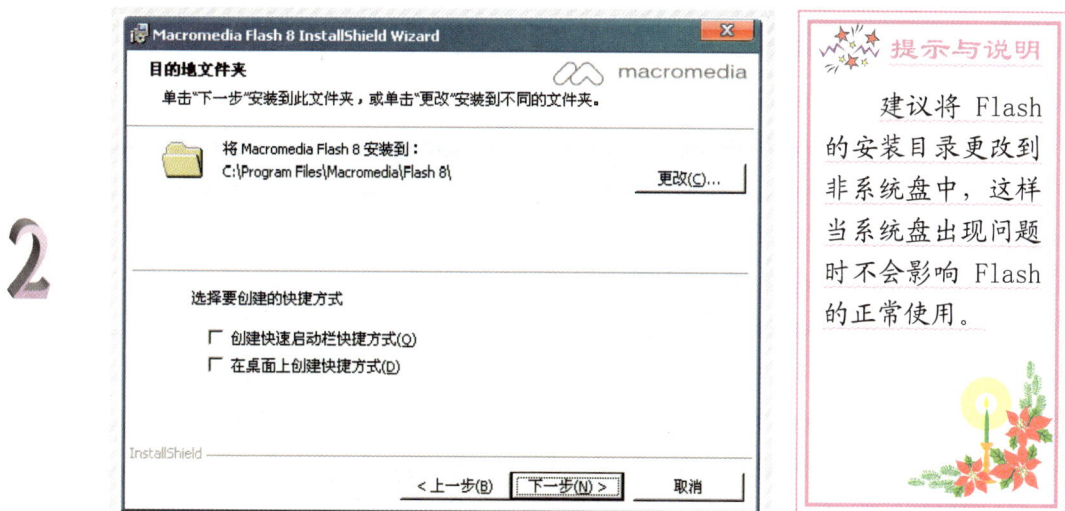

提示与说明

建议将 Flash 的安装目录更改到非系统盘中，这样当系统盘出现问题时不会影响 Flash 的正常使用。

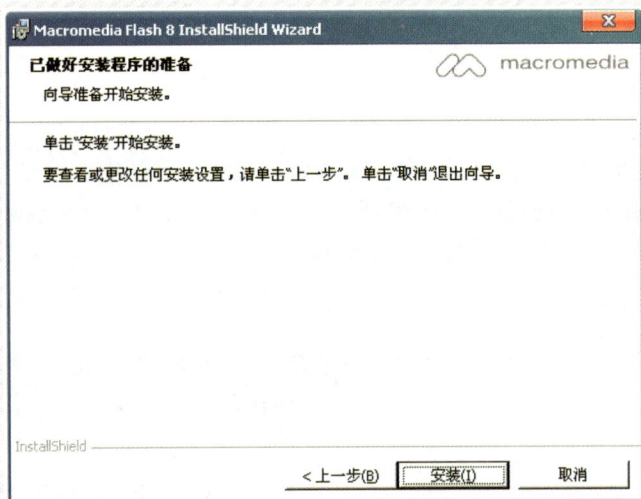

接下来会出现 Flash Player 的安装选项，建议将 "Macromedia Flash Player" 选项前的复选框选中，这样将会给 IE 浏览器安装最新版的 Flash Player 插件，安装后从浏览器中才可以观看 Flash 动画。

继续单击【下一步】按钮，此时画面会提示是否修改设置，如图 3 所示，如果有任何不妥或者需要更改设置，可以单击【上一步】按钮返回并修改，如果设置无需更改，则单击【下一步】按钮继续安装。

此时，Flash 8 将开始安装到计算机上，安装的进度条会显示如图 4 所示的当前安装进度，安装完毕后，单击【完成】按钮退出安装程序。

此时画面上会出现两个窗口，一个是欢迎使用 Flash 的网页，界面会显示 Flash 8 的简介以及为用户提供的相关帮助信息；另一个窗口中安装程序会将 Flash 8 在 Windows【开始】菜单中的快捷方式文件夹显示出来，建议在此时将程序的快捷方式复制到桌面上，以便将来运行程序。

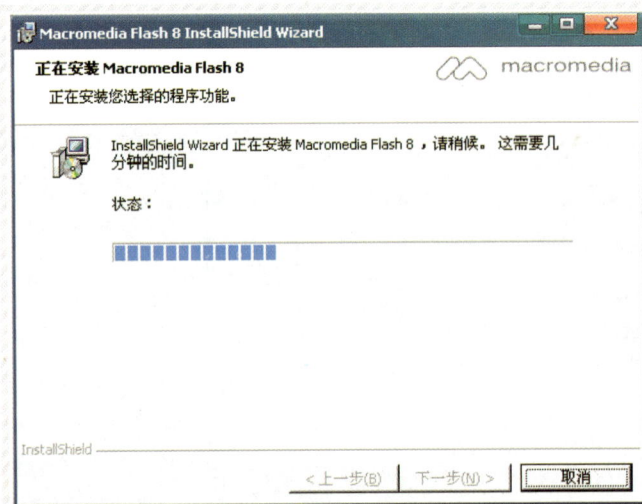

Flash 8 的操作环境

Flash 成功安装后，我们就可以使用了。下面我们先来认识一下 Flash 8 的操作环境。用户可以从【开始】|【所有程序】|【Macromedia】|【Macromedia Flash 8】打开并运行 Flash，也可双击桌面快捷方式运行。打开 Flash 8 以后，首先映入眼帘的是 Flash 8 的"起始页"，如图 1 所示，起始页会显示曾经打开过的 Flash 文档和新建文档等项目。

我们单击图 1 中【创建新项目】栏下的【Flash 文档】来新建一个 Flash 文档，这时会显示如图 2 所示的画面，这个画面就是 Flash 的操作环境，其中包括了工具栏、时间轴、工作区域、舞台（又称为场景）、【属性】面板和右侧栏组合面板。鼠标左键单击图 2 黑色圆圈中的小箭头，可以隐藏或展开面板。

提示与说明

　　Flash 8 中右侧的面板可以根据用户的需要自行设置，随时都可以更改面板组合并保存。

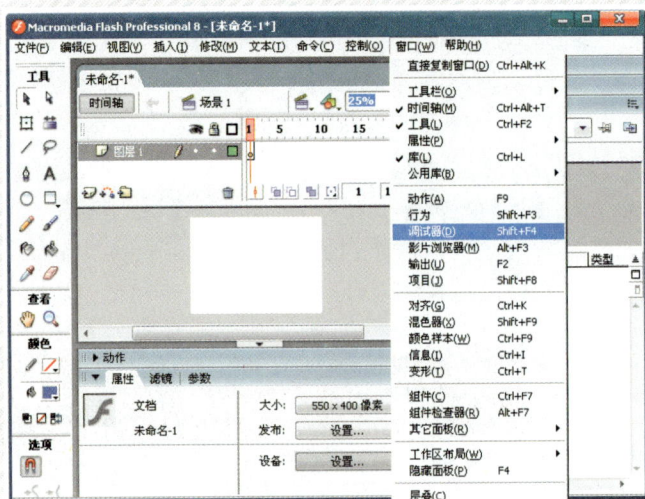

由于 Flash 的诸多功能都在"面板"中实现，接下来，我们就详细介绍面板的功能和使用方法。

单击【窗口】菜单，在弹出的菜单中我们可以看到诸多的面板名称，如图 3 所示，单击其中任意一项，就会打开该项功能的面板，如果想要关闭面板，用鼠标左键单击面板右上方的黑色小箭头，在弹出的菜单中选择【关闭面板】即可。

打开面板后，有些面板会浮动在 Flash 窗口内，如果想让其固定在右边面板栏内，可以按住面板标题栏最左边并拖动，拖动到合适的位置时，面板周围会显示黑色的粗实线，此时松开鼠标，面板就固定在窗口内了，如图 4 所示。

如果觉得面板有碍编辑操作时，除了将其关掉外，也可以在面板标题栏上的空白处单击，面板就会最小化，再次单击就会还原。

工作区底部的【属性】和【动作】面板，是 Flash 中两个很重要的面板，【属性】面板用于设置各种图形和动画的属性，【动作】面板用于脚本的输入和测试。

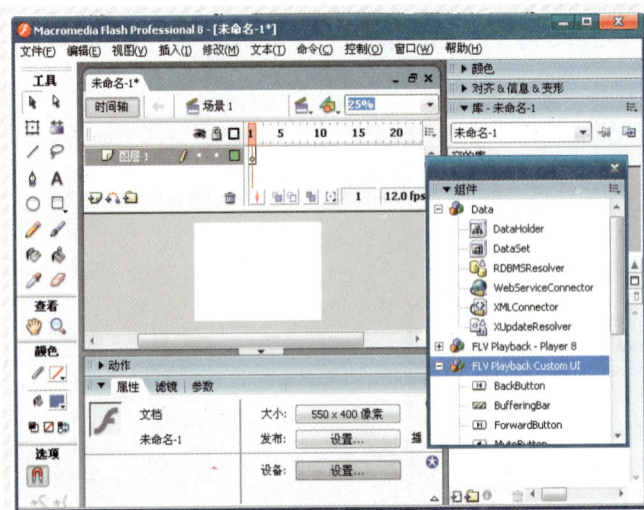

设置 Flash 8 的工作环境

Flash 8 无论在绘图、动画制作还是对象的控制上，都有很强大的功能，这一节我们要说明在 Flash 中设置工作环境的方法。首先我们来学习"标尺"和"网格"。

"标尺"和"网格"都是用来对齐对象的，默认状态是关闭的，按"Ctrl+Alt+Shift+R"键可以打开标尺，按"Ctrl+'"键可以打开网格，打开后的效果如图 1 所示。

网格的默认颜色是灰色；标尺的单位是毫米

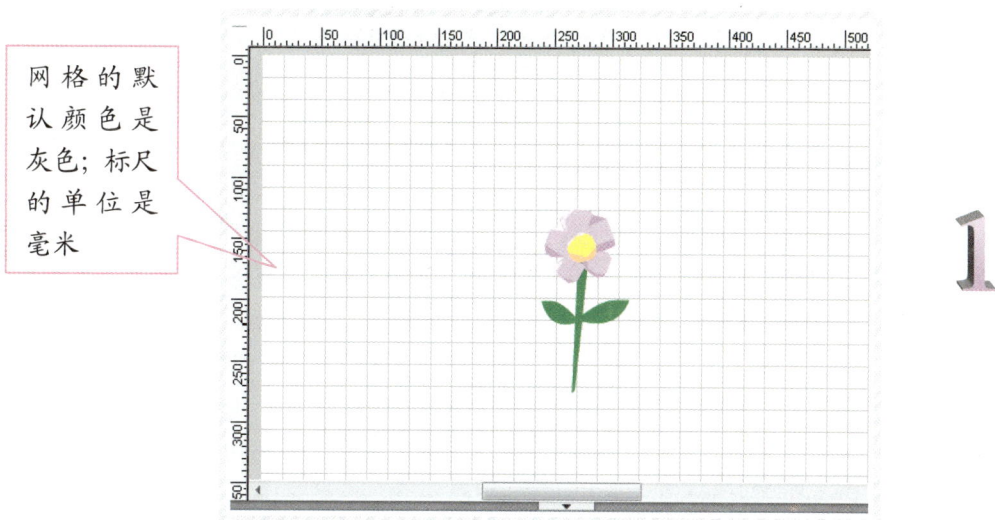

如果想调整网格线的颜色或间距，以及移动对象时是否对齐到网格等功能，可以执行【视图】|【网格】|【编辑网格】命令，打开"网格"对话框来进行设置。

Flash 8 中在拖动对象时会有辅助线来帮助对齐，如图 2 所示。若要修改辅助线的设置，可执行【视图】|【辅助线】|【编辑辅助线】命令进行设置。

提示与说明

在标尺上按住鼠标往场景内拖动，会拖出一条绿色的辅助线。

在此可以根据个人喜好修改 Flash 动画的常规设置

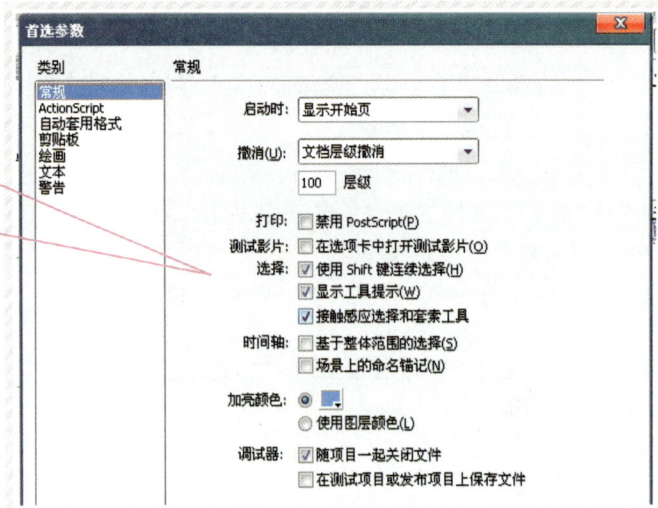

3

接下来介绍"首选参数"设置。在使用 Flash 时，每个人对于编辑环境的要求是不同的，执行【编辑】|【首选参数】，在打开的"首选参数"面板中可以设置这些特殊要求，如图 3 所示。其中包括【常规】、【ActionScript】、【自动套用格式】、【剪贴板】、【绘画】、【文本】、【警告】7 个选项设置，对于初学者来说，还不了解其中某些功能，可以先采用默认值，等到熟悉后根据自己的喜好在此进行编辑环境的设置。

当用户新建一个 Flash 文档后，窗口最下面【属性】面板中会显示文档的属性，如图 4 所示。在此面板中，我们需要设置 Flash 动画的播放速度、背景颜色和文档大小等属性，默认的播放速度为 12fps，这可以满足一般动画的播放要求，但是如果要表现非常迅速的动作，需要将该值改大，但改大后会占用更多的系统资源。

点击【属性】面板中的【发布设置】按钮，在弹出的对话框中可以设置动画文件的发布格式，默认为.swf,也就是标准的 Flash 动画文件，还可以在此设置将其发布成.gif 的图片、.exe 的可执行文件或.html 的网页形式。

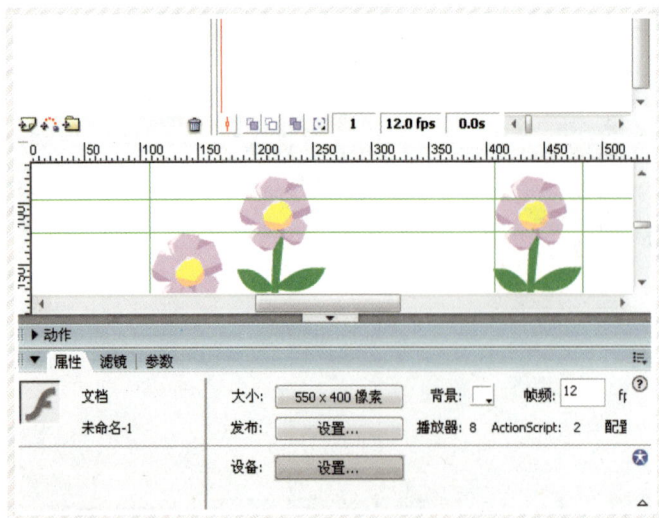

4

提示与说明

每个动画的初始设置是不同的，我们会在后面所讲到的实例中告诉大家如何设置参数。

第2章

动画基础　Flash 工具

本章要点

- ☑ 时间轴与帧
- ☑ 图层的概念和应用
- ☑ 绘图工具
- ☑ 填充工具
- ☑ 编辑工具
- ☑ 文本工具

章 首 语

　　Flash 动画中通常包括大量的矢量图形，除了从外部导入的图形素材外，利用 Flash 8 自带的绘图工具也可以进行矢量图形的绘制。本章将对 Flash 8 中的绘图工具进行介绍，同时也对 Flash 中的时间轴、帧等基本概念和使用方法进行讲解，为后面的动画设计打下良好基础。

　　在使用 Flash 8 进行图形绘制及动画制作的过程中，会经常用到工具箱中的各个工具，熟练地运用 Flash 8 工具箱中的工具是进行动画创作的关键，全面了解和掌握 Flash 8 中所提供的工具，需要进行大量的练习和实践。下面，我们就开始学习吧。

时间轴与帧

Flash 中的时间轴是构成 Flash 动画的重要部分，在设计动画时，有必要先了解时间轴的相关知识。动画是随着时间的推移，不断变化的图片依次展现而产生的一种动态效果。动画的原理和电影原理类似，因此 Flash 中时间轴可以看做是一卷胶片，而时间轴上的帧就是胶片的每一格图像，不断地把时间轴上的每一帧播放出来，就产生了动画效果。

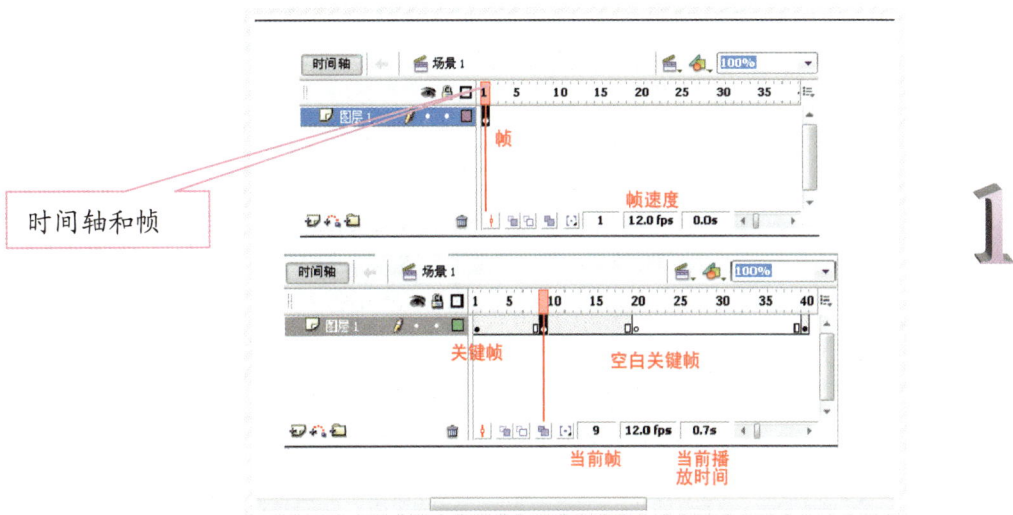

时间轴和帧

时间轴和帧如图 1 所示。时间轴上的每一个小格都代表一个帧。帧是一个时间概念，如果一部动画每秒播放 12 帧，那么每一帧播放的时间就是 1/12 秒。

关键帧：指所在帧有图形或者其他对象存在，在时间轴上以黑点表示，如图 2 所示。

空白关键帧：不含有任何图形原件的帧，在时间轴上以空心圆点表示。

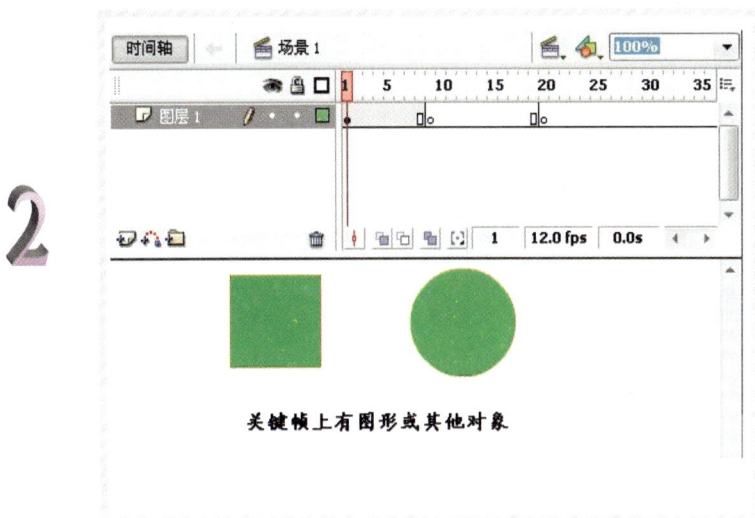

关键帧上有图形或其他对象

提示与说明

绘图只能在关键帧中进行，单击任何空白帧，按 F6 即可插入一个关键帧，第一帧默认为关键帧。

图层的概念和应用

　　时间轴是一个时间概念，与其对应的图层是一个空间概念，时间与空间结合，就构成了动画。引入图层是为了方便编辑和制作动画。图层就像透明的玻璃纸一样，在每一张玻璃纸上绘画，然后将其重叠起来，会看到一个整体图像，比如绘制一个人，我们可以将胳膊、腿、身体、五官分别绘制在不同的纸上，但其位置及比例都和在一张纸上绘制时相同，

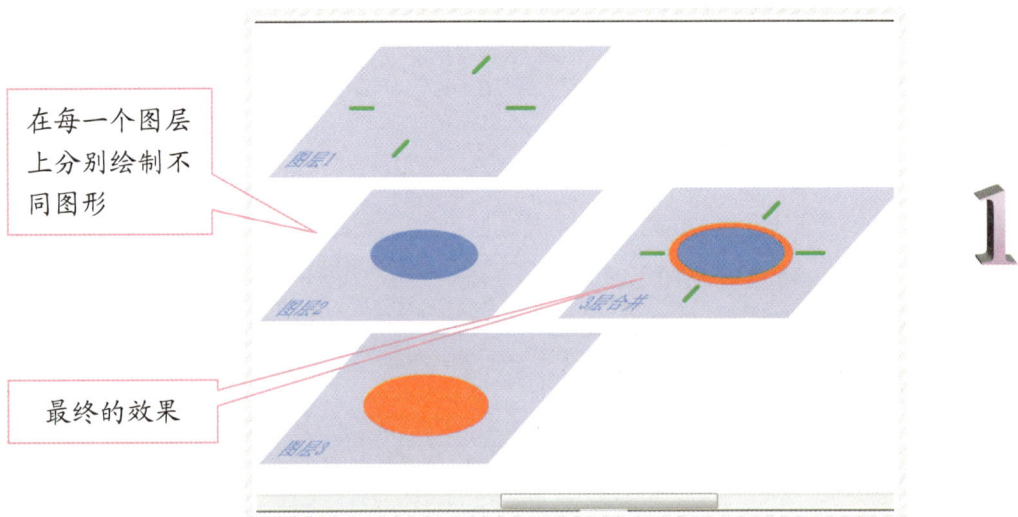

在每一个图层上分别绘制不同图形

最终的效果

　　重叠以后就可以看到一幅完整的人像，图层上绘画也是同样的道理，图1就是一个例子。

　　图层分为三种类型：标准层、引导层和遮罩层。标准层类似一张纸的功能；引导层上的内容只是作为动画制作时的参考，发布时不会显示；遮罩层中的对象不会显示，但下方图层和它本身对象重叠的部分会显示出来，其他部分不显示。各种图层的图标如图2所示。

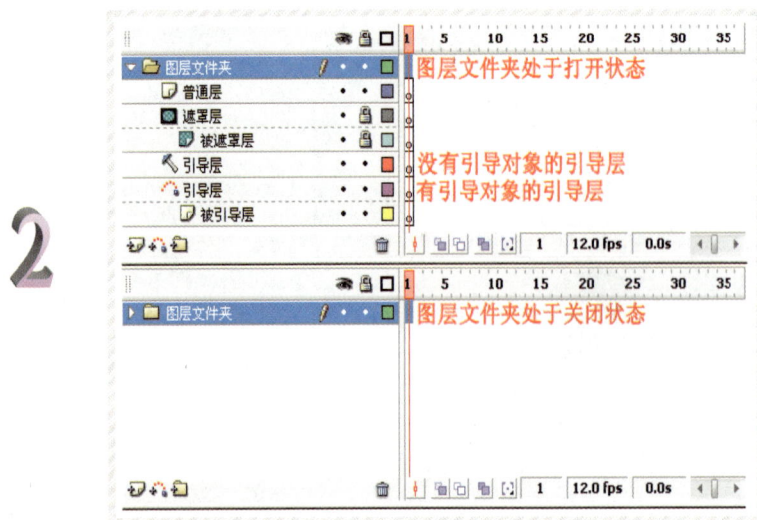

图层文件夹处于打开状态

没有引导对象的引导层
有引导对象的引导层

图层文件夹处于关闭状态

提示与说明

　　可以为层建一个图层文件夹，将部分层放入同一个图层文件夹中，在层很多时非常有用，便于管理。

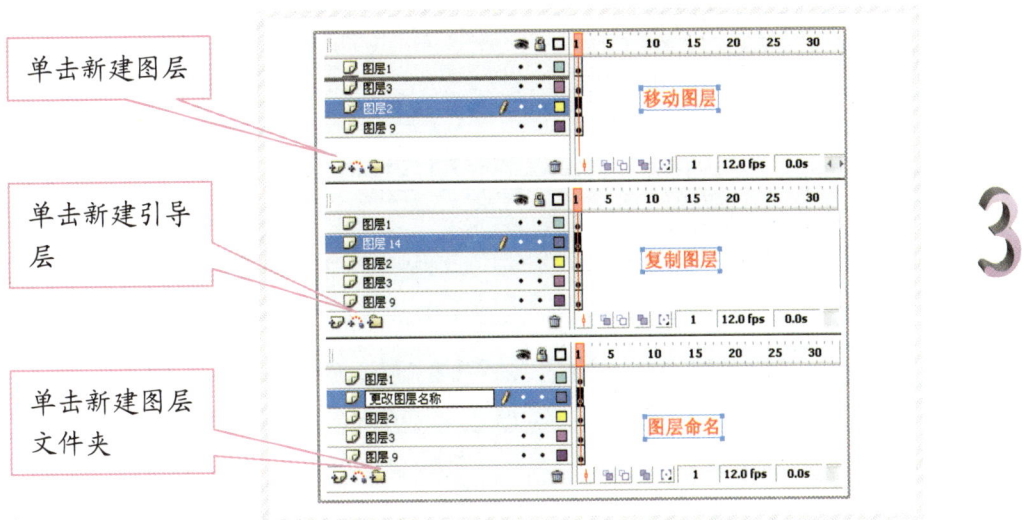

单击新建图层

单击新建引导层

单击新建图层文件夹

图层的编辑操作包括以下几方面的内容：

1．移动图层。选取要移动的图层，按住鼠标左键，此时图层以一条横粗线表示，拖动到需要放置的位置松开鼠标即可；

2．复制图层。选取要复制的层，执行【编辑】|【复制】命令，单击图层面板左下角的【新建图层】按钮新建一个图层；执行【编辑】|【粘贴到当前位置】命令，复制完毕；

3．图层的命名。双击要改名的图层，图层名称会进入编辑状态，在文本框中输入新名称即可，在图层属性中也可以更改图层名称；

4．删除图层。单击要删除的图层，按住鼠标左键，将图层拖动到图层面板右下角的垃圾箱图标上释放鼠标即可；或者单击选取图层后，再单击垃圾箱图标，亦可删除图层；

5．图层的隐藏和锁定。单击图层中的"眼睛"图标，会隐藏所有图层，单击某一层中与"眼睛"图标对应圆点隐藏该层。锁定同隐藏操作类似，单击锁状图标即可。

上述操作1~3如图3所示；操作4~5如图4所示。

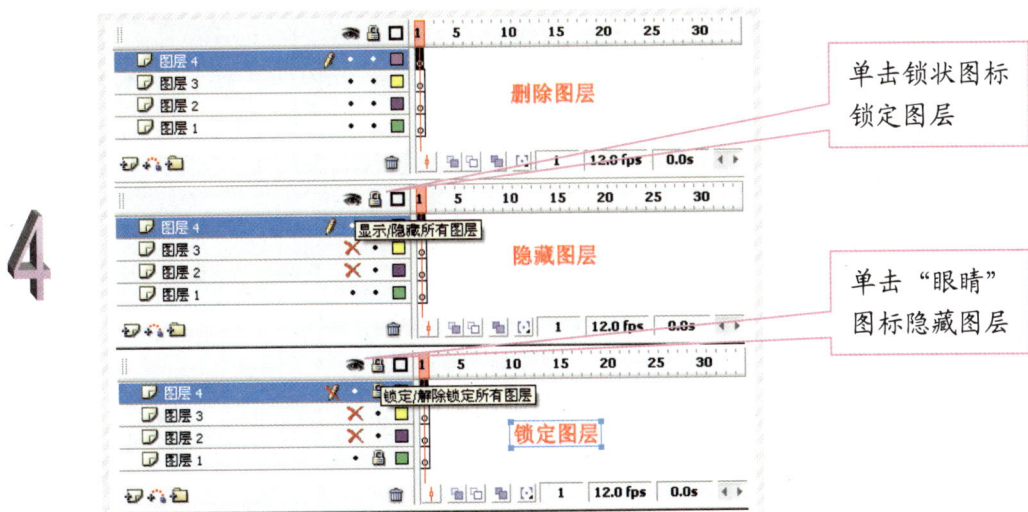

单击锁状图标锁定图层

单击"眼睛"图标隐藏图层

绘图工具

　　绘图工具是 Flash 8 中最基本也是最重要的工具之一，Flash 中的绘图工具简单易用，但却可以绘制复杂、优美的图形，这一节我们就来介绍这些绘图工具。Flash 8 中的绘图工具主要包括"线条"工具、"椭圆"工具、"矩形"工具、"钢笔"工具和"刷子"工具。

　　"线条"工具：主要用于绘制直线，鼠标左键点击工具箱中的"线条"工具在绘图区

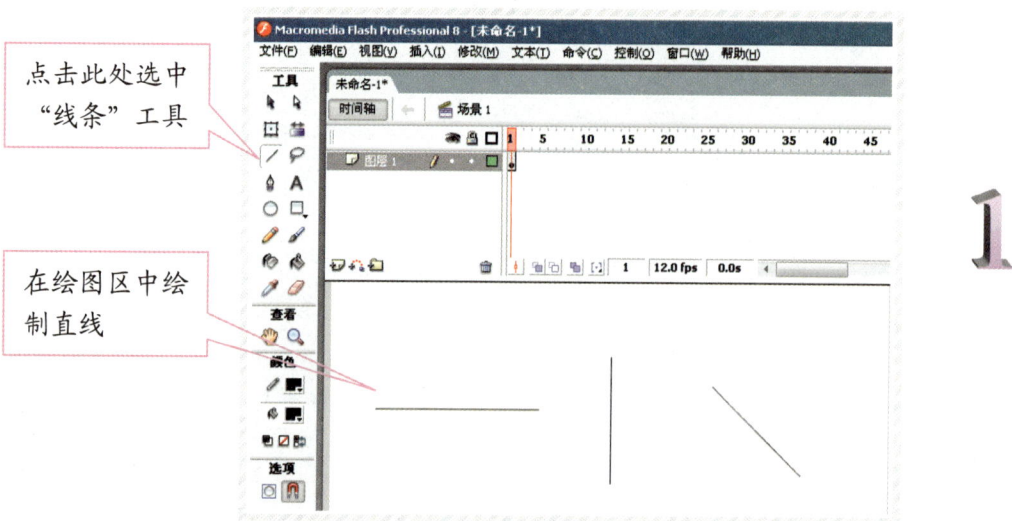

点击此处选中
"线条"工具

在绘图区中绘
制直线

即可绘制。使用"线条"工具时，按住 Shift 键的同时绘制，可以绘制水平线、45°线和垂直线条。如图 2 中所示，鼠标单击线条将其选中后可在"属性"面板中对其样式、颜色、粗细等属性修改。"宽"和"高"文本框可设置线条在水平和垂直方向上的缩放长度。"X"和"Y"文本框中可设置线条在场景中的位置。

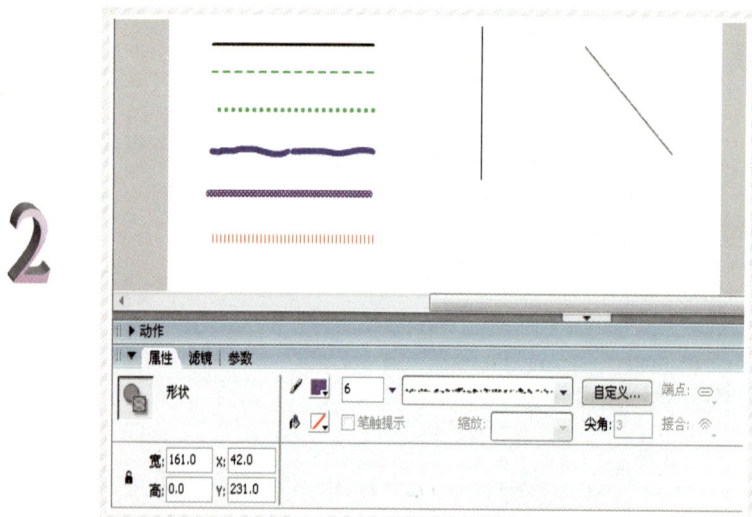

提示与说明

　　把鼠标移到直线上，但不要选中，鼠标下方会有条弯曲的小弧线，此时点击左键拖动可以将直线拉伸成曲线。

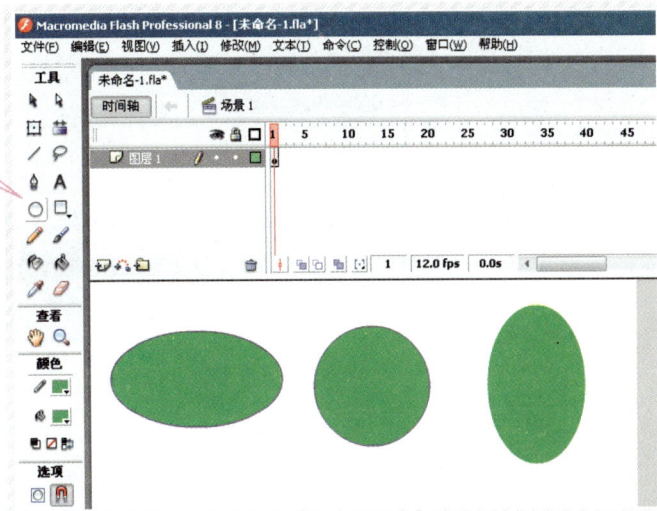

点击此处选中"椭圆"工具

"椭圆"工具：此工具用于绘制空心或者实心的圆和椭圆。

如图 3 所示，用鼠标左键单击"椭圆"工具，然后按住左键在场景中拖动鼠标即可绘制出实心椭圆。鼠标双击绘制的椭圆，即可选中该椭圆。要注意的是，椭圆是由外部圆圈和内部填充两部分组成的，用鼠标单击椭圆的内部或者外圈，只能选中椭圆一部分，而不是椭圆的全部。

在图 4 中，用鼠标单击椭圆内部，将其选中，然后按键盘 Delete 键，将其删除，此时只剩下椭圆轮廓线条，即一个空心椭圆；也可用同样的方法删除椭圆外部，只留内部填充。需要注意的是：在以后进行形状动画和动作动画制作时，一般都需要只保留椭圆内部或轮廓的一部分做动画，因为当两部分一起时动画会出错；如果必须要两部分同时有动画效果，我们可以先绘制一个椭圆，再将两部分分别放在两个图层中的相同位置，然后分别在两个图层中制作动画效果即可。

"椭圆"工具的属性选项和"线条"工具类似，设置方法也相同。

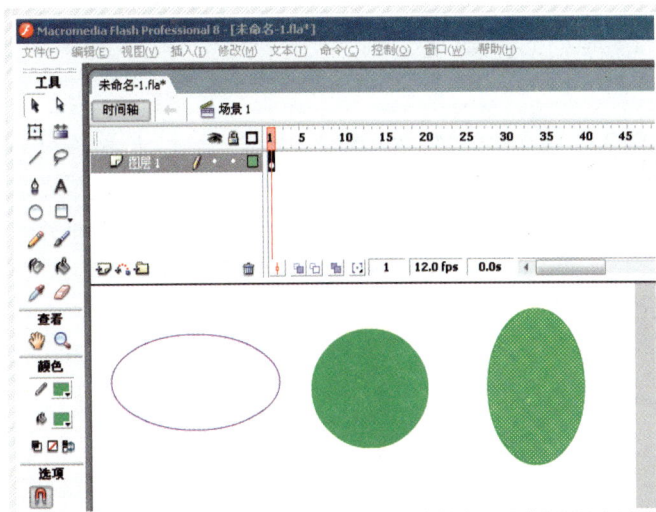

提示与说明

第一个椭圆是删除内部填充的效果；第二个是删除轮廓的效果；第三个是完整的。

绘图时按住 Shift 键可以绘制圆。

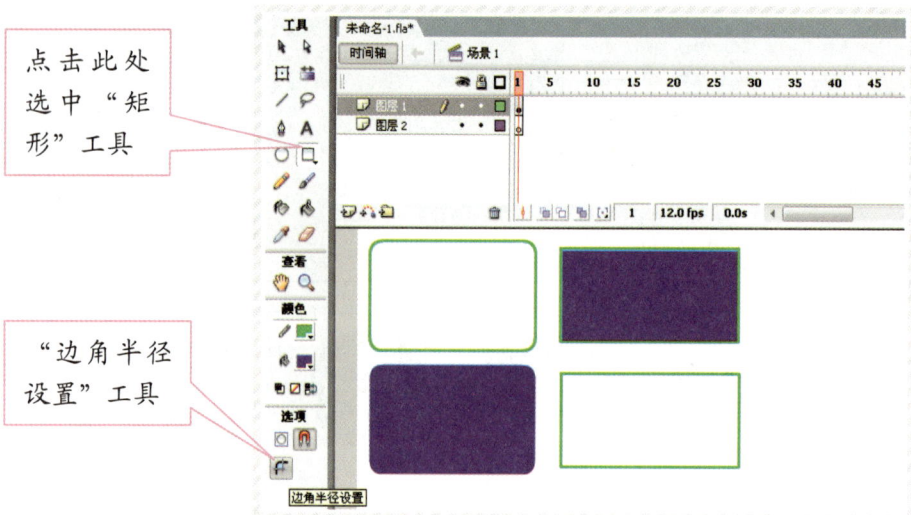

点击此处选中"矩形"工具

"边角半径设置"工具

边角半径设置

"矩形"工具：用于绘制长方形和正方形，使用方法与椭圆类似。

如图 5 中所示，点击工具箱中的"矩形"工具即可绘制矩形，矩形同样也有内部填充和外部轮廓。其属性和绘制方法都和椭圆类似，只是从椭圆变成矩形而已。图中分别展示了 3 种不同的矩形。

使用"矩形"工具可以绘制出圆角矩形，如图 5 中所示。绘制方法：双击"矩形"工具按钮，或者单击"矩形"按钮后，单击图中所示的"边角半径设置"，弹出"矩形设置"对话框，在"矩形设置"对话框中的"边角半径"文本框中输入数值——值越大角越圆，单击【确定】按钮，然后在场景中绘制就可以绘制出圆角矩形。

绘制多边形。单击"矩形"工具，按住左键不放，会弹出选项菜单，选择"多角星形"工具，即可绘制多边形或者星形。亦可单击属性中的【选项】按钮，在弹出的对话框中选择"多边形"或"星形"，在边数文本框中输入多边形的边数或者星形的顶点数，设定好后按【确定】按钮，然后在绘图区中即可绘制多边形或者星形，绘制的图形如图 6 所示。

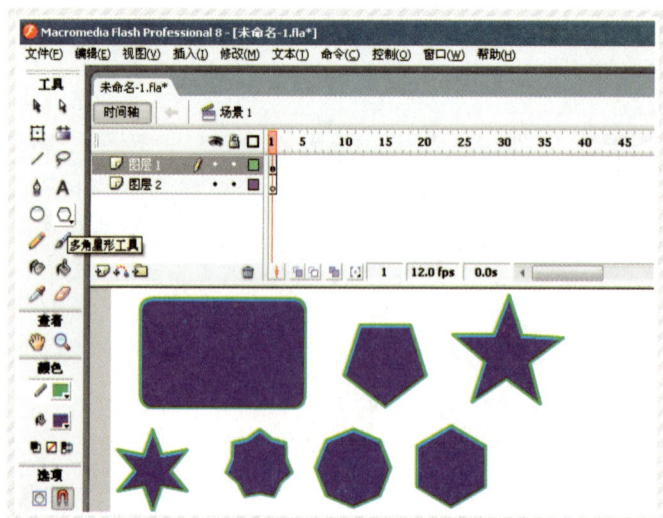

提示与说明

按住 Shift 键绘制图形，可以使多边形的某些边垂直或者水平。

如图中的正五边形和正六边形。

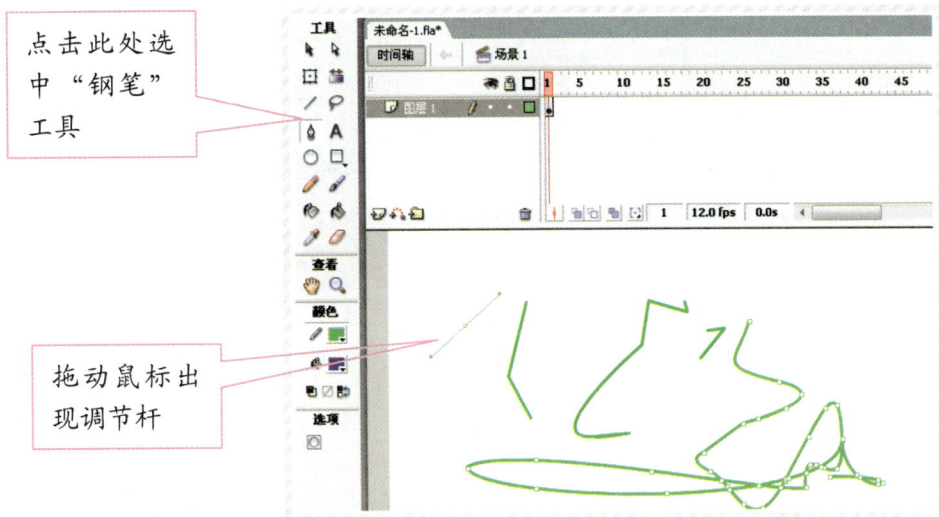

点击此处选中"钢笔"工具

拖动鼠标出现调节杆

"钢笔"工具：此工具可以绘制任意图形，也可以作为选取工具使用。这里先讲解"钢笔"工具作为绘图工具时的使用方法，具体的绘制步骤如下：

1. 单击选取"钢笔"工具，然后在绘图区中单击确定绘制的初始位置，此时若拖动鼠标，则会出现调节杆，如果不拖动鼠标继续在别处单击鼠标，则在两点之间绘制一条直线；如果拖动鼠标，通过调节杆调节，则绘制出一条光滑的曲线，如图7所示；

2. 继续在需要添加线条的位置单击鼠标并拖动调节杆，可以绘制连续的曲线；

3. 鼠标点击绘制的起始点，可以将绘制的曲线闭合；

4. 在闭合的曲线中填充颜色，类似于在椭圆和矩形中填充颜色，只是我们这里绘制的是不规则图形，见图8。

"钢笔"工具是一个很有用的绘图工具，尤其在绘制复杂图形时非常好用，它可以勾勒出一个图形的轮廓。我们在制作复杂的场景或角色时，可以先找一幅参考图片导入 Flash 中，然后在新的图层中用"钢笔"工具临摹，勾勒出图形的轮廓，最后再填入颜色。

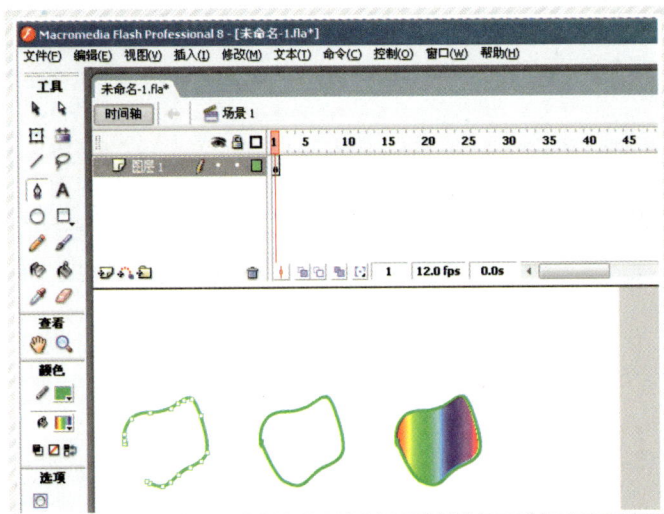

提示与说明

选中"钢笔"工具后鼠标会变成钢笔头形状。将鼠标移到线条上时，鼠标的右下方会出现"+"、"–"、"×"等标志，表示可以进行不同操作。

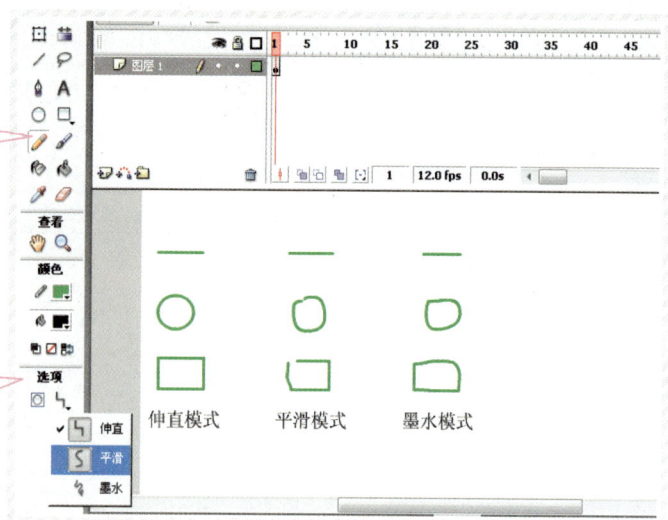

点击此处选中"铅笔"工具

按住鼠标左键会弹出"模式"选择框

伸直模式　　平滑模式　　墨水模式

　　"铅笔"工具：可以绘制任意形状的矢量图形，它最大的特点是可以模拟手绘，因此，有美术功底的人制作 Flash 动画时，"铅笔"工具是必不可少的。"铅笔"工具可以绘制出各种风格的图画。鼠标单击工具箱中"铅笔"工具即可绘制，如图 9 所示。

　　"铅笔"工具有 3 种绘制模式，下面分别对其介绍。

　　"伸直"模式：使用此模式绘制时，系统会自动生成最接近的规则图形（如圆、椭圆、矩形等）。在图 10 中，左边的图形是绘制过程中的，右边的图形是最终生成的图形。

　　"平滑"模式：使用此模式绘制时，所绘制的线条会自动变得平滑，由于在移动鼠标过程中手的抖动会使绘制的线条有棱角，使用该模式即可消除这些棱角。选择此模式时，在属性选项中有平滑度的设定，从 0~100，数值越大，绘制出的线条越平滑。

　　"墨水"模式：使用此模式绘制时，所绘制的线条和用户的鼠标移动痕迹效果接近，由于在该模式下系统不会对所绘制的线条修正，因此，用此工具可以创作出风格独特的绘画作品。

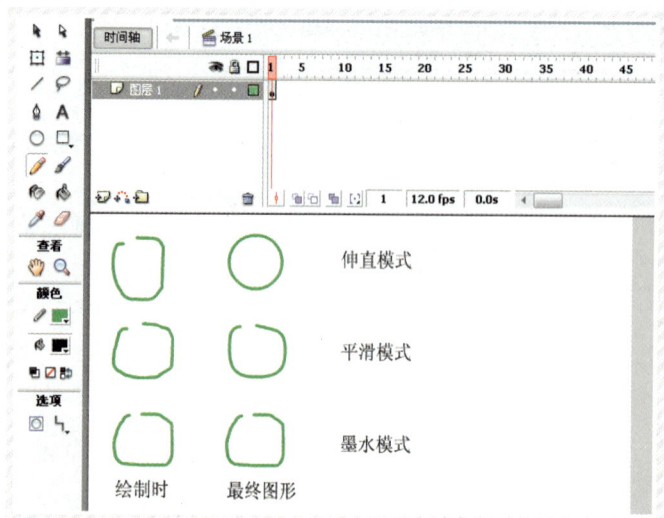

伸直模式

平滑模式

墨水模式

绘制时　　最终图形

提示与说明

　　在使用"铅笔"工具时，按住 Shift 键，同样可以绘制垂直、水平或者 45° 斜线。

点击此处选中
"刷子"工具

点击此处选择刷
子的大小

点击此处选择刷
子的形状

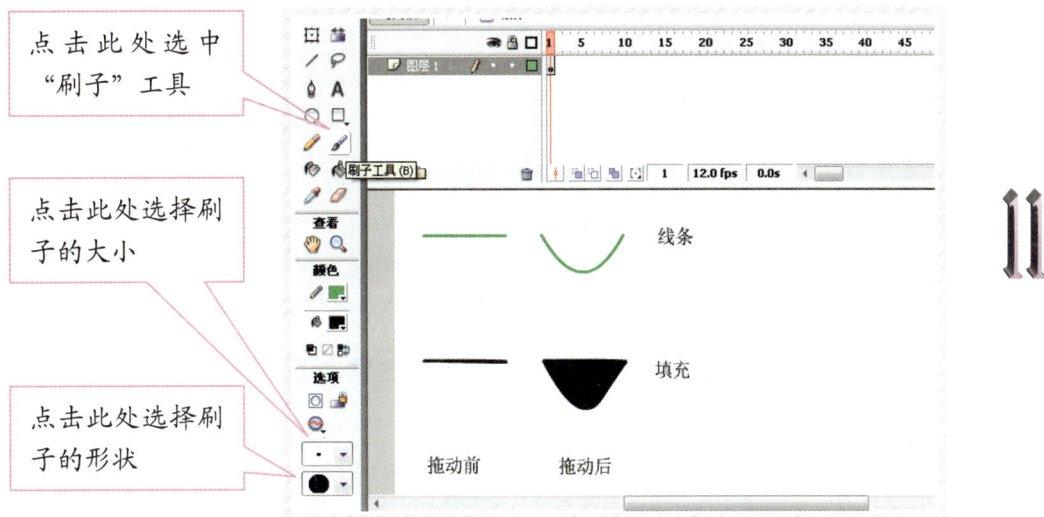

刷子工具(B)

线条

填充

拖动前   拖动后

11

"刷子"工具：Flash 中的图形分为线条和填充两种，线条无论怎样拖动还是线条，而填充图形拖动后图形区域会变大，如图 11 所示。前面提到的"铅笔"工具是绘制线条的，而"刷子"工具是用于绘制填充图形的，它可以绘制任意大小、形状及颜色的填充区域。

"刷子"工具有以下 5 种绘图模式，这 5 种模式的效果如图 12 所示。

- 标准绘画：顾名思义，这种模式就像真实的绘画一样，可对同一层的线条和填充涂色，它绘制的图形会覆盖所经过的区域。
- 颜料填充：该模式只覆盖填充区，不覆盖线条。
- 后面绘画：该模式绘制时，不会影响到矢量图形，而是从图形的后面穿过。
- 颜料选择：该模式绘制时，需先选取一个填充区域才能在其中绘制，不适用于线条。
- 内部绘画：该模式只是在封闭区域内填色，它只对一个填充区域有效，并且起点必须在填充区的内部，如果在该模式下绘制的图形超出了填充区域，则图形就会位于填充区域之后，效果类似于后面绘画。

12

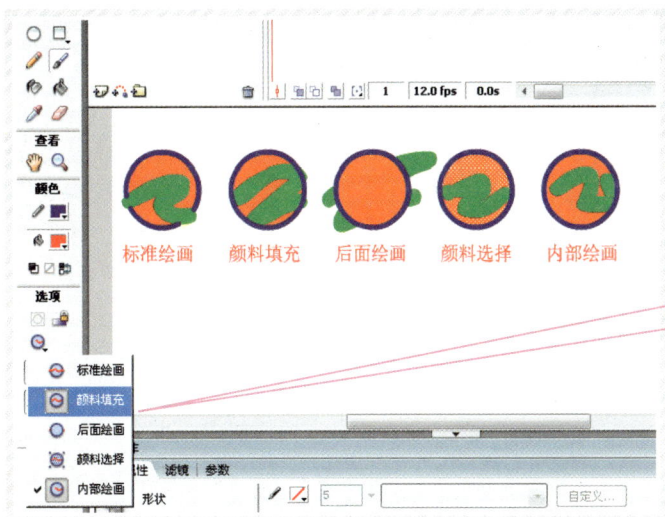

标准绘画 颜料填充 后面绘画 颜料选择 内部绘画

在此选择绘
画模式

标准绘画
颜料填充
后面绘画
颜料选择
内部绘画

填充工具

　　Flash 8 中的填充工具主要包括 "墨水瓶"工具、"颜料桶"工具、"填充变形"工具和 "滴管"工具4种，其中"颜料桶"工具使用频率最高。

　　"墨水瓶"工具：用于给线条填色，同样也适用于椭圆和矩形的外轮廓线条。该工具 的另一个作用是给填充图形加上边框，可以参照前面所讲的椭圆图形的构成。

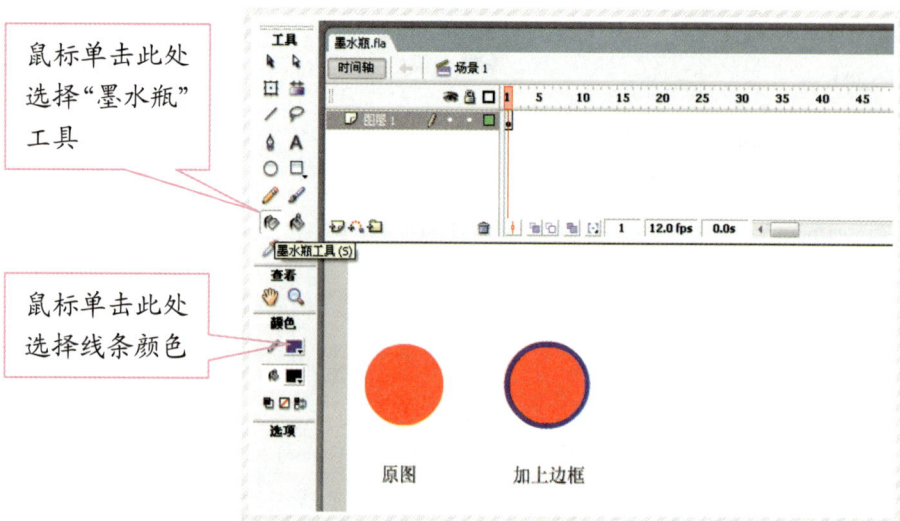

鼠标单击此处 选择"墨水瓶" 工具

鼠标单击此处 选择线条颜色

原图　　　加上边框

1

　　"墨水瓶"工具的使用方法：

　　1. 鼠标单击选择"墨水瓶"工具，然后在"颜色"栏中选择笔触的颜色；

　　2. 将鼠标移到绘图区内，鼠标会变成一个墨水瓶的图案，鼠标移到图形的边框上或线 条上单击，即可改变线条的颜色，如图2所示。

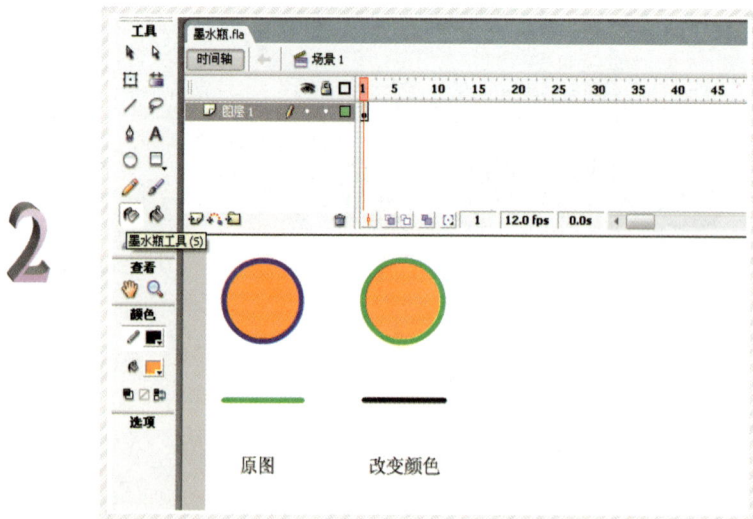

2

原图　　　改变颜色

提示与说明

　　也可以先选中 线条，然后在颜色 属性里选择新的颜 色，该线条的颜色 即可改变。

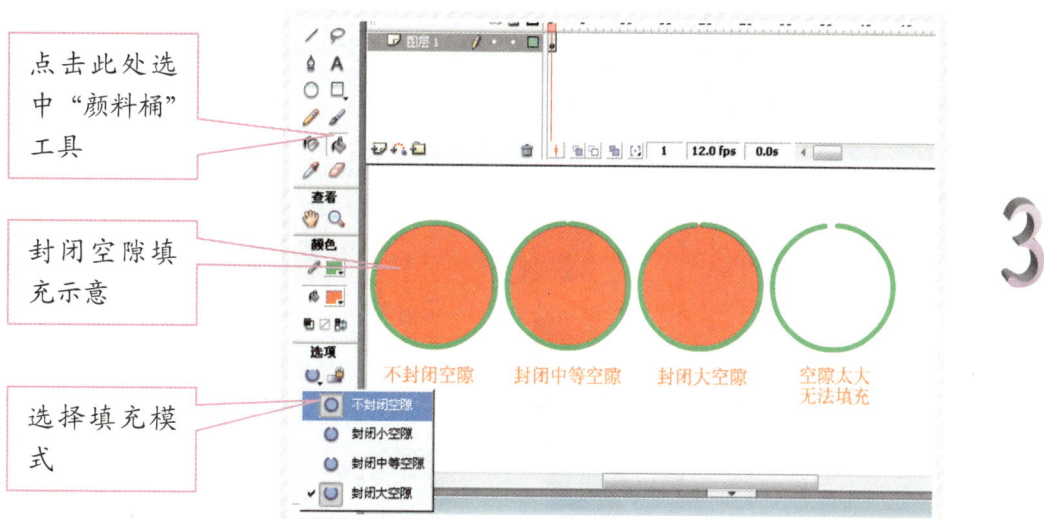

点击此处选中"颜料桶"工具

封闭空隙填充示意

选择填充模式

不封闭空隙　封闭中等空隙　封闭大空隙　空隙太大无法填充

不封闭空隙
封闭小空隙
封闭中等空隙
封闭大空隙

"颜料桶"工具：是使用单色、渐变色或位图对矢量图的某一区域或整体进行填充的工具，"颜料桶"工具有4个选项。分别介绍如下。

● 不封闭空隙：要填充的区域必须完全封闭才能填充。

● 封闭小空隙：要填充的区域有小缺口的状态下可以填充。

● 封闭中等空隙：要填充的区域有中等大小的缺口的状态下可以填充。

● 封闭大空隙：要填充的区域有大缺口的状态下可以填充，但注意这个大是有限度的。

"滴管"工具：此工具用于获取填充或线条的颜色，鼠标单击"滴管"工具然后点击要采取颜色的线条或填充即可。"滴管"工具还可以对位图采样，即将位图作为填充色填充到指定区域中。我们动手实践一下：

1. 先导入一幅位图，再绘制一个填充图形，这里绘制一个矩形。点击"滴管"工具；

2. 在屏幕右上角【混色器】栏中选择填充样式为"位图"，然后单击所要的位图；

3. 在矩形中单击，即可将位图填充到矩形中，如图4中所示。

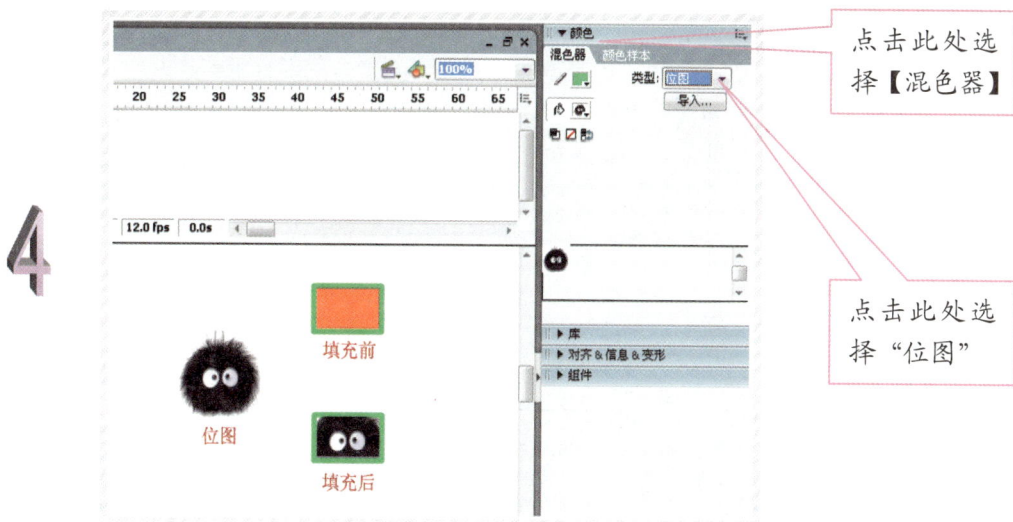

填充前

位图

填充后

点击此处选择【混色器】

点击此处选择"位图"

点击此处选中"填充变形"工具

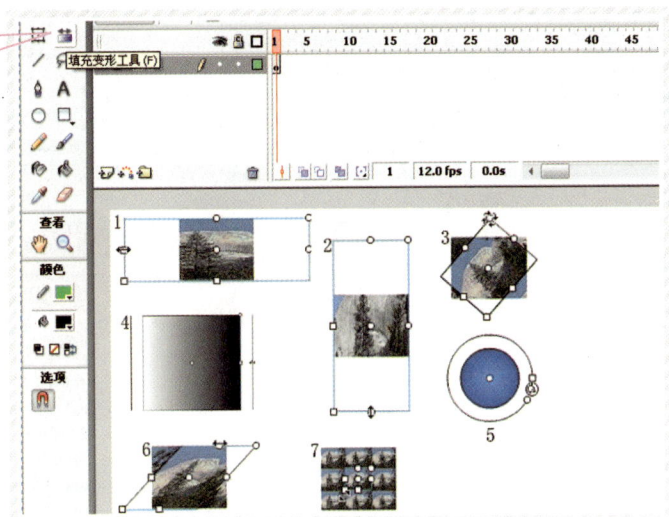

5

"填充变形"工具：此工具适用于对线性、放射状渐变色和位图进行填充，可对所填充颜色的范围、方向、角度等进行调整达到特殊的色彩填充效果。

选择"填充变形"工具，单击用渐变或位图填充的区域，会显示一个带有编辑手柄的边框。当指针在这些手柄中的任何一个上面时，它会发生变化，显示该手柄的功能，如图6所示。下面分别讲解填充工具的使用方法（图5中的图片分别与下面1~7步操作对应）：

1. 拖动边框边上的方形手柄，更改渐变或位图填充的宽度；

2. 拖动边框底部的方形手柄，更改渐变或位图填充的高度；

3. 拖动角上的圆形旋转手柄或圆形渐变边框最下方的手柄，旋转渐变或位图填充；

4. 拖动边框中心的方形手柄，缩放线性渐变或者填充；

5. 拖动环形边框中间的圆形手柄，更改环形渐变的焦点；

6. 拖动边框顶部或右边圆形手柄中的一个，倾斜形状中的填充；

7. 缩放填充可以在形状内部平铺位图。

6

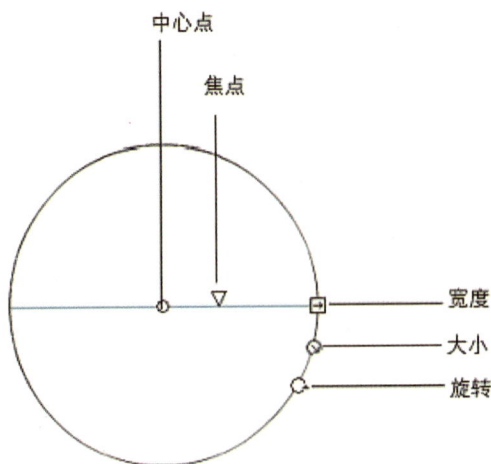

提示与说明

按住Shift 键可以将线性渐变填充的方向限制为45°的倍数。

编辑工具

　　Flash 8 中的编辑工具主要包括："选择"工具、"部分选取"工具、"任意变形"工具、"套索"工具和"橡皮擦"5 种工具。下面我们分别讲解。

　　"选择"工具：用于选取对象，其实我们在前面作图中已经用到。要注意的是：如果选取的对象是元件或者组合物体则选取的对象四周会出现灰色的实线框。

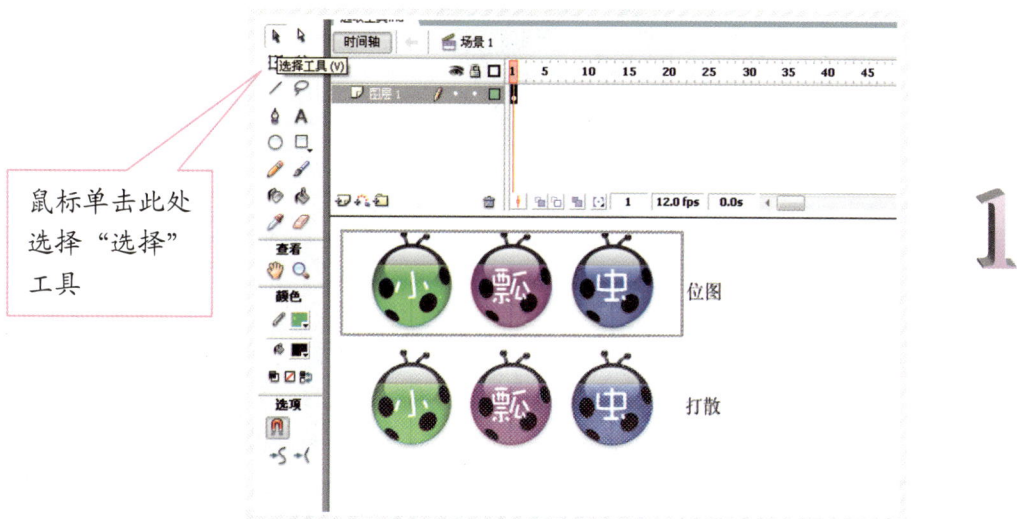

鼠标单击此处选择"选择"工具

　　如果对象是打散状态的，则只能选取框住的部分，并以点的形式显示，如图 1 所示。

　　可以使用"选择"工具拖动线条上的任意点，改变线条或轮廓的形状，选取时指针会发生变化，以指明在该线条或填充上可以执行哪种类型的形状改变。

　　图 2 中示意了两种不同的改变情况。

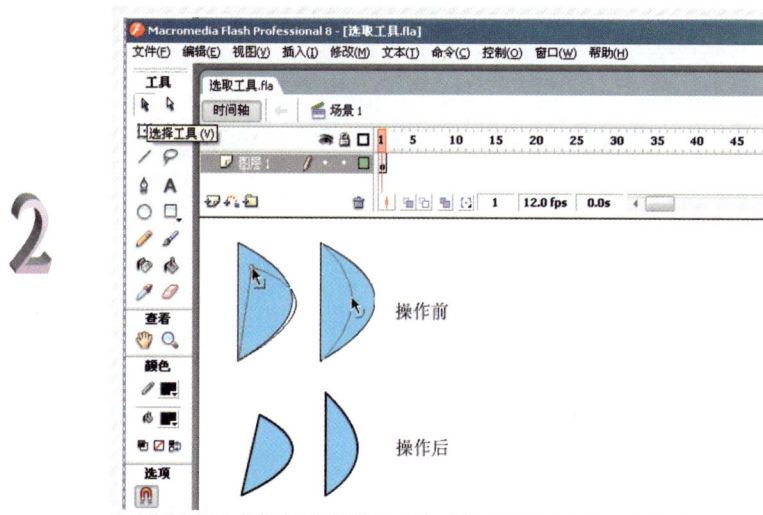

提示与说明

　　选择多对象时，可按住 Shift 键。

　　按住 Ctrl 键拖动选定的对象，可以将其复制。

点击此处选中"任意变形"工具

"任意变形"工具的4个选项：旋转与倾斜、缩放、扭曲、封套

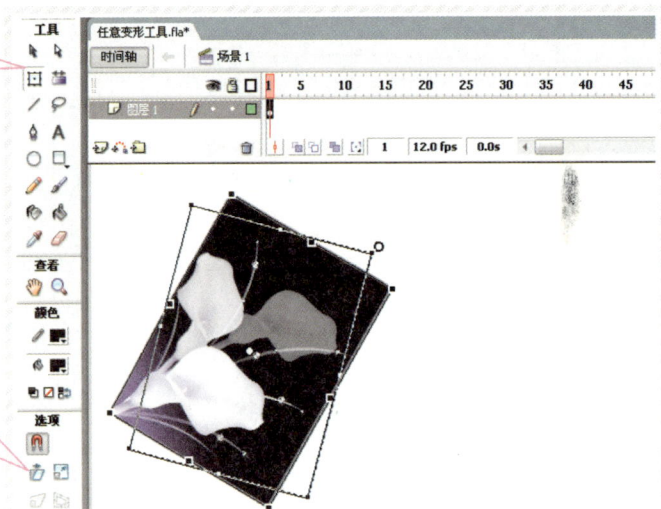

3

"任意变形"工具：可对图形进行缩放、旋转、倾斜、透视、封套等操作。"任意变形"工具有4个选项——旋转与倾斜、缩放、扭曲、封套。下边依次予以介绍。

图3中所示的是旋转操作。

在所选内容的周围移动指针，指针会发生变化，指明哪种变形功能可用，4种不同的操作分别对应不同的鼠标指针。

旋转与倾斜：选取"任意变形"工具后，将鼠标移到所选择对象的边角的黑色小点上，指针会变成一个带箭头的圆圈，此时按住鼠标拖动即可旋转对象。将鼠标移动到所选对象的边线上，指针变成带箭头的两条平行线，此时按住鼠标拖动可以倾斜对象。

缩放：选择缩放按钮，将鼠标移到对象边角的小黑方块上，拖动鼠标即可缩放对象。

扭曲：选择扭曲按钮，将鼠标移到对象边角的小黑方块上，拖动鼠标即可将对象扭曲。

封套：选择封套按钮，将鼠标移到对象的任意一个节点上，就可以对对象进行造型编辑。图4中示意了4种不同的变形方式。

4

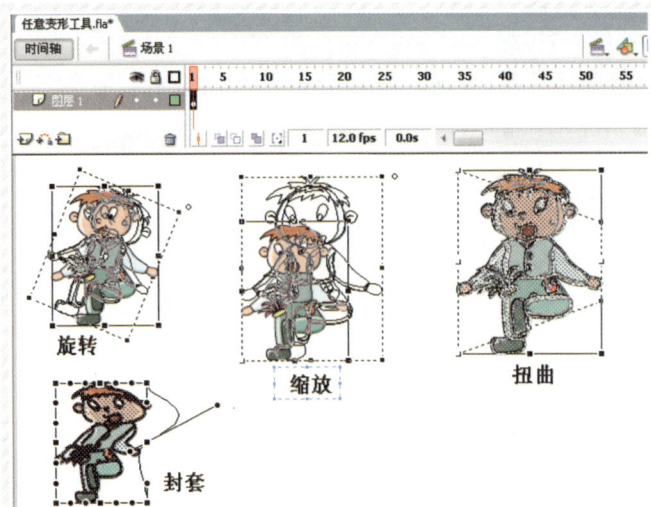

提示与说明

扭曲状态和封套状态只对打散的图形有效。

按住 Shift 键拖动，可以以 45° 为增量进行旋转。

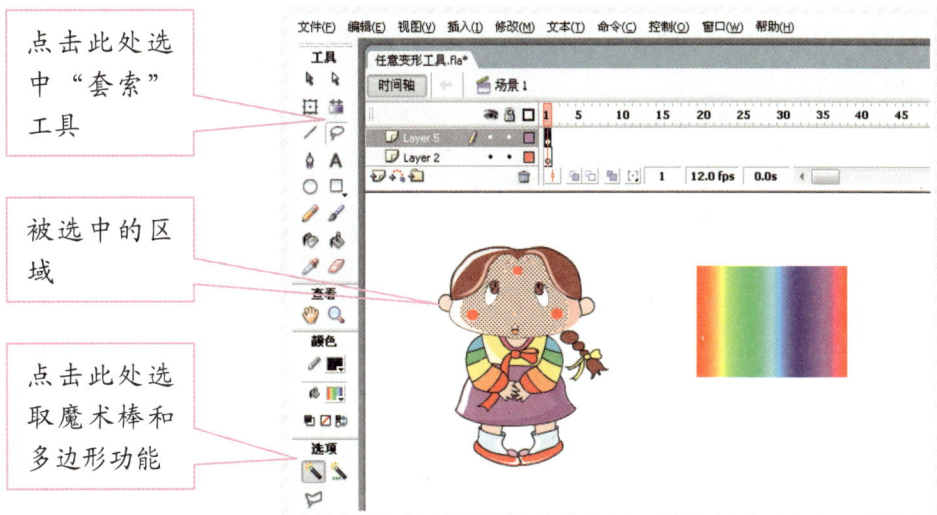

点击此处选中"套索"工具

被选中的区域

点击此处选取魔术棒和多边形功能

"套索"工具：此工具及其多边形模式功能，通过勾画不规则或直边选择区域的方法选择对象。使用"套索"工具时，可以在不规则和直边选择模式之间切换。它包括魔术棒、多边形两种选取方式。"魔术棒"工具可以像"钢笔"工具一样沿对象的轮廓进行选取，也可以选取色彩的范围，单击对象后，点击鼠标右键，则临近相同的颜色都被选中。见图5。

魔术棒属性设置：单击魔术棒旁边的按钮，打开魔术棒属性设置对话框，可以设置魔术棒的属性，包括阈值和平滑两种属性：

● 阈值：用于控制色彩容差度，数值越大，选取的相邻区域范围越大。

● 平滑：用于指定选取范围边缘的平滑度，有像素、粗略、正常、平滑4种。

多边形模式：此模式用于对不规则图形进行比较精确的选取。选取步骤如下：

1. 选择"套索"工具，然后在工具栏选项区中选择多边形模式功能，单击设定起始点；

2. 将指针放在第一条线要结束的地方，然后单击。继续设定其他线段的结束点；

3. 要闭合选择区域，双击即可，如图6所示。

原图　　　　魔术棒选取并　　多边形选取并
　　　　　删除所选区域　　删除所选区域

提示与说明

　　"套索"工具只对矢量图或者打散的位图有效，要精确选取可以先将图形放大再进行操作。

点击此处选中"橡皮擦"工具

点击此处选择擦除模式

标准擦除 擦除颜色 擦除线条 擦除所选填色 内部擦除

标准擦除
擦除填色
擦除线条
擦除所选填充
内部擦除

7

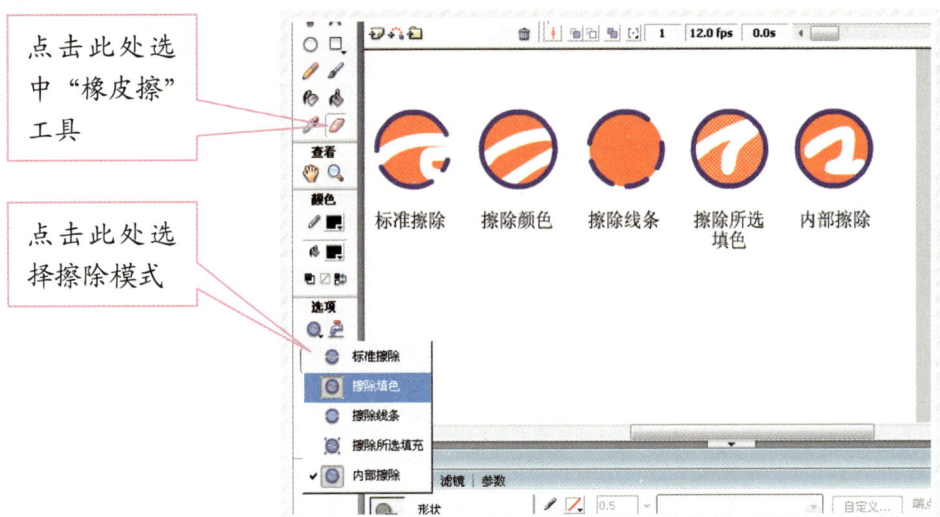

"橡皮擦"工具：此工具用于擦除整个图形或者图形的一部分，它有 5 个选项和一个"水龙头"工具，这五项功能类似于"刷子"工具的 5 个选项，不同的是"刷子"工具是填充色彩，而"橡皮擦"工具是擦除色彩。其功能如下：

标准擦除：此模式可擦处所有图形，类似于现实中的橡皮。

擦除填色：此模式只擦除填充部分，对线条不起作用。

擦除线条：此模式和上一个相反，只擦除线条不擦除填充。

擦除所选填色：此模式擦除被选取的色块区域中的某部分，未选取的色块不受影响。

内部擦除：此模式擦除封闭图形的内部区域，橡皮擦的起点必须在封闭图形的内部，否则不能进行该操作。

图 7 中分别示意了 5 种不同的擦除模式。

水龙头工具：用于快速擦除填充或者线条，选择该工具后单击要擦除的区域即可，这个功能与先用"选择"工具选择对象，然后点击 Del 键删除对象的效果相同，如图 8 所示。

8

原图 使用水龙头工具后

提示与说明

使用"水龙头"工具可以迅速地将图形的填充擦除，只留下轮廓线条。

文本工具

　　Flash 8 中的文本工具使用很简单，但其功能却非常强大，配合前面所讲的绘图功能，可以制作出漂亮又有动感的文字。本节我们就综合前面所讲的基础，来制作几种特效文字。

　　Flash 8 中的文本分为静态、动态和输入文本 3 种，这里主要介绍静态文本，其余两种主要用于交互式动画，将会在后面的章节中介绍。

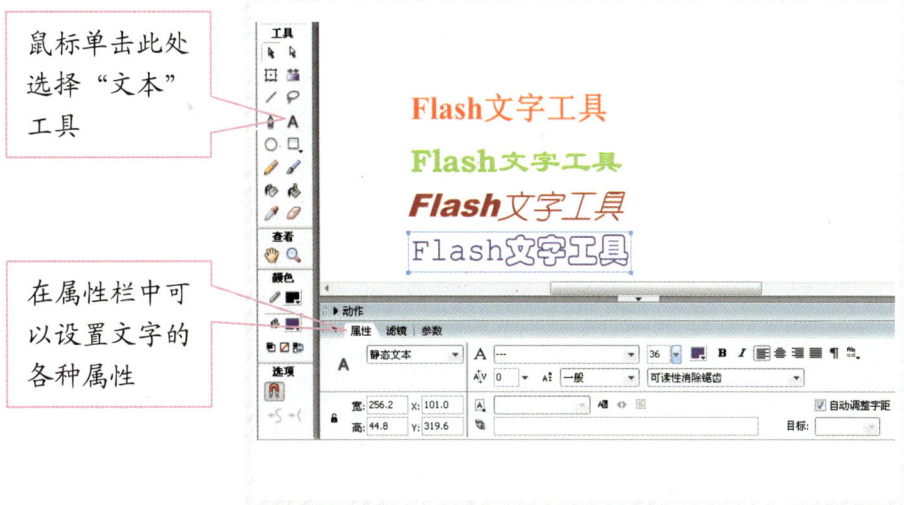

　　选定"文本"工具，在绘图区单击即可出现文字输入框，输入文字即可，同时可以在属性栏中选择字体的属性，如图 1 所示。

　　（一）中空字的制作

　　1. 先用"铅笔"工具随意绘制一个背景，填充颜色；

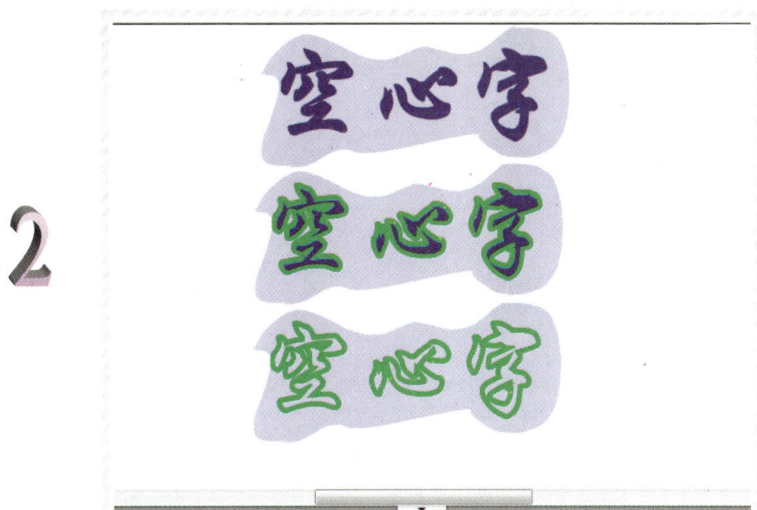

提示与说明

　　文字输入后是矢量格式，如果要对其进行变形或部分擦除等操作需要先将其打散然后进行。

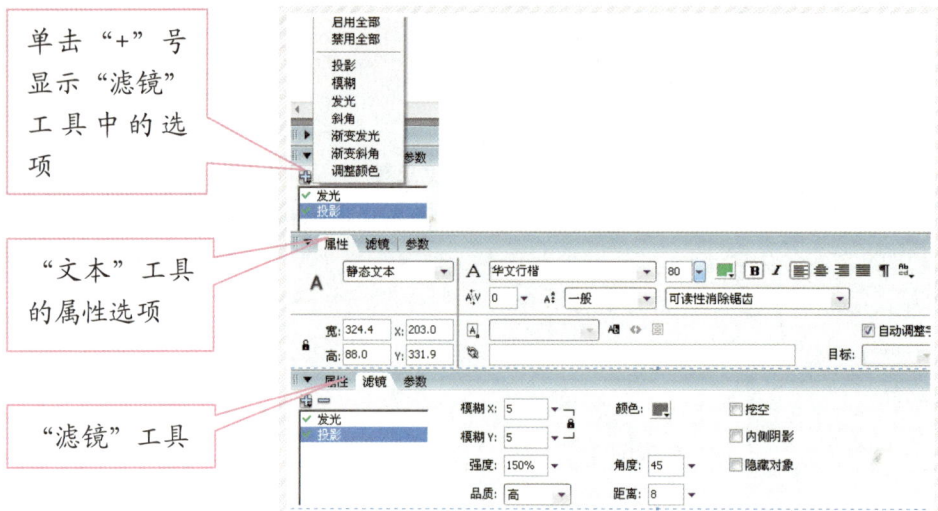

单击"+"号显示"滤镜"工具中的选项

"文本"工具的属性选项

"滤镜"工具

2．添加一个新图层，用"文本"工具在背景图上方写蓝色的文字"空心字"；

3．用"选择"工具单击选中输入的文字，按"Ctrl+B"将其打散；

4．点击"墨水瓶"工具，将笔触颜色设为绿色，宽度设为5，鼠标单击文字对其勾边；

5．将中间的蓝色选中删除，制作完成。效果如图2所示。

（二） 发光文字的制作

Flash 8 中新增了滤镜功能，点击属性旁边的滤镜选项即可使用，如图3所示。我们现在用这个功能制作发光的特效文字。

1．点击"文字"工具，选取填充色为绿色，输入发光文字，效果如图4中第一排文字；

2．选中文字，点击滤镜选项，点击"+"号，在弹出的菜单中选择"发光"，设定发光属性为模糊5，颜色为黑色，强度为100%。效果如图4中第二排文字；

3．继续点击"+"号，在菜单中选择"投影"，其效果如图4中第三排文字；

4．设置投影属性为模糊5，强度150%，角度45，距离8，颜色为灰色，制作完成。

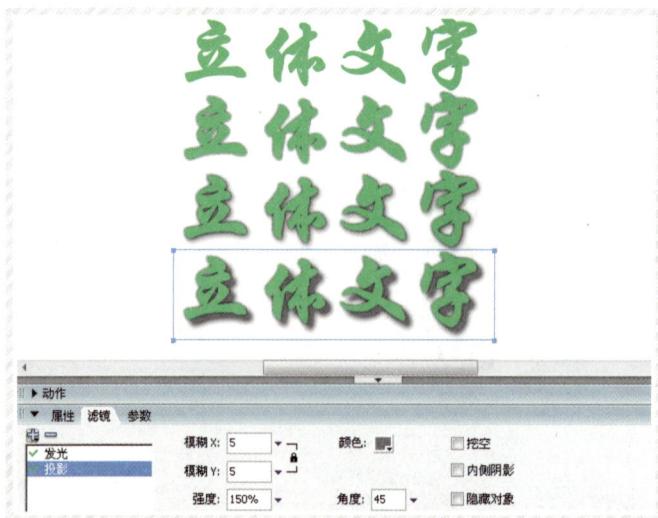

提示与说明

滤镜功能只对组件和文字有效，要对一个对象使用滤镜，先按F8将其组件化，然后再使用即可。

第3章

动画制作　牛刀小试

本章要点

- ☑ 逐帧动画
- ☑ 形状补间动画
- ☑ 动作补间动画
- ☑ 引导层动画
- ☑ 一般的遮罩动画
- ☑ 复杂的遮罩动画
- ☑ 综合实例：海底世界

章 首 语

通过前面的学习，相信大家已经了解了 Flash 8 的基本操作，对 Flash 8 也有了更深的认识。但是前面讲解的都是基础知识，大家肯定已经迫不及待地想要进入动画制作的世界了。不要着急，磨刀不误砍柴功，这一章我们将学习 Flash 8 中最具特色的功能：动画制作，我们将通过生动的例子手把手地教大家制作 Flash 动画。

Flash 动画共有 3 种基本类型：逐帧动画、动作补间动画和形状补间动画，还有两种辅助动画——引导层动画和遮罩动画，这两种动画可以做出很炫的特效，为动画添彩。下面就开始我们的动画之旅吧。

逐帧动画

最简单的动画就是一系列静态图像的顺序播放，在 Flash 中，一帧就对应一幅静态图，预先在每一帧上绘制好图形，当播放动画时，Flash 就会一帧一帧地显示每一帧中的内容，通过这些帧的连续播放，最终实现动画效果。这一节我们将学习逐帧动画的导入、制作和导出。逐帧动画每一帧都是关键帧，因此每一帧都需要手动绘制编辑，工作量很大。

火柴棍小人动画：人物的每一个动作都是手工绘制完成的

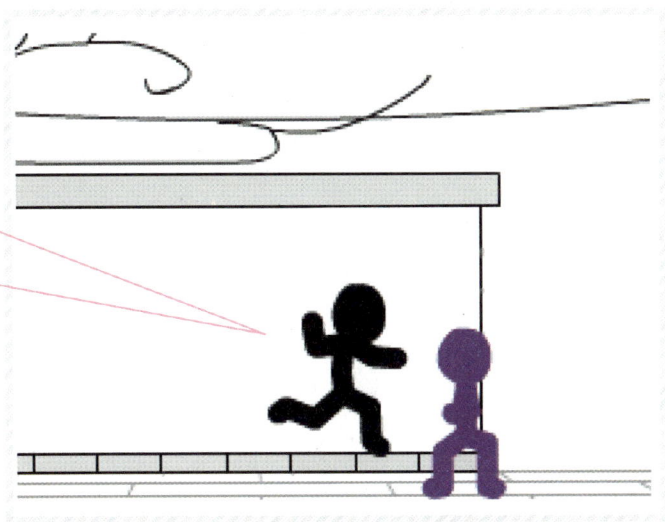

逐帧动画具有非常大的灵活性，几乎可以表现任何内容，适合表现细腻的题材。逐帧动画效果如图 1 所示。由于每一帧都要手工绘制，逐帧动画对制作者的美工、手绘功底要求很高，考虑到读者可能暂时不具备徒手绘制素材的能力，我们将通过简单的图形变化和导入.gif 素材的方法来制作逐帧动画。图 2 示例了一个导入.gif 的逐帧动画效果。

提示与说明

.gif 动画的实质就是连续播放一系列的有关联图片来产生动画效果。

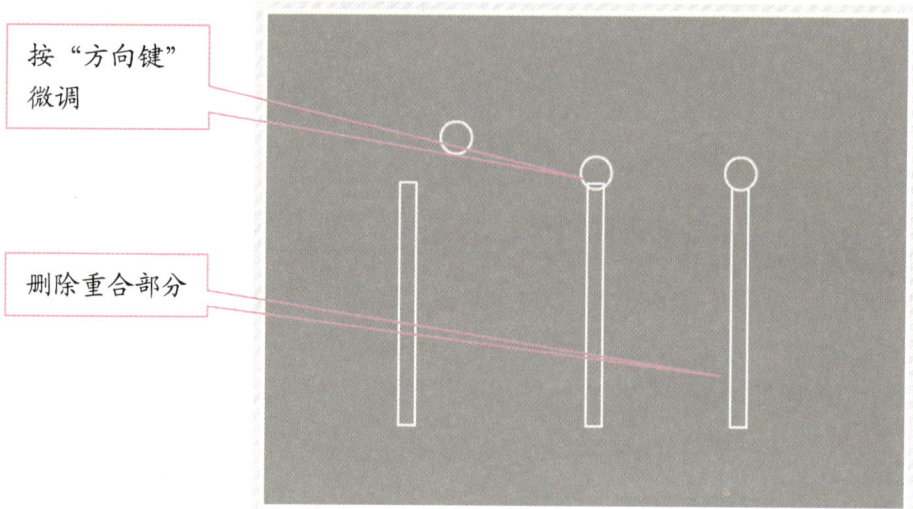

按"方向键"微调

删除重合部分

实例一：红旗飘飘

1．新建 Flash 文档，设定背景色为灰色，场景大小为 550×400；

2．绘制旗杆。将"图层 1"命名为"旗杆"，然后选中第 1 帧，使用"矩形"工具在场景中绘制一个竖条矩形，同时删除填充；再使用"椭圆"工具，按住"Shift"键绘制一个圆形，也将填充删除，选中圆形，按"方向键"微调圆形的位置，使其位于矩形上方，如图 3 所示；

3．对旗杆填色。选择【颜色】|【混色器】面板，选择类型为"线性"，并点击渐变色条下的空白处，增加一个颜色指针，三个指针从左至右颜色依次为：黑、白、黑。设置完毕后，点击"油漆桶"工具对矩形填色；然后我们对圆形填色，将类型选择"放射状"，颜色渐变条下的两个指针依次设置为白色和黑色，并调整两个指针之间的距离，使黑色指针位于中间偏左一点的位置，设置完成后，选取"油漆桶"工具在圆形内部左上方位置单击填色，使其富有立体感。面板的选择及完成的旗杆效果如图 4 所示；

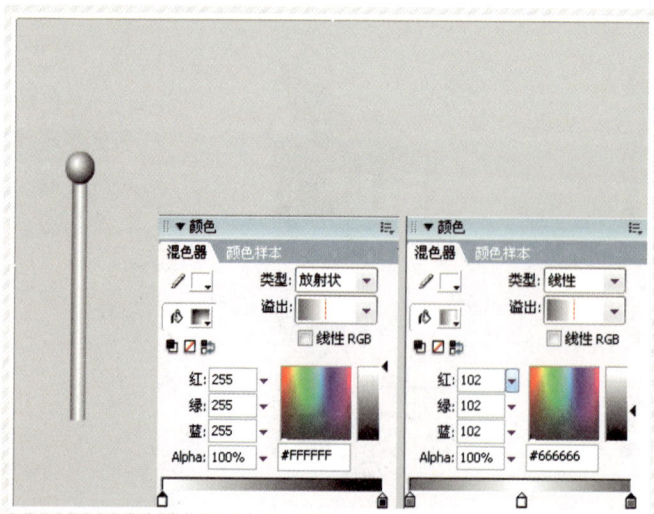

提示与说明

混色器的功能很强大，可以制作出很多特效，本例中的立体效果就是一种，制作时要注意色彩的排列、透明度等的设置。

　　4．绘制旗面。使用"铅笔"工具在旗杆右侧绘制出红旗的其本形状，绘制颜色任意，绘制的时候随意一点，以表现红旗随风飘动的特点。绘制过程中可用"箭头"工具对绘制出的红旗轮廓进行微调，完成后将红旗旗面填充上红色，同时将轮廓线删除。绘制完成后如图5所示；

　　5．在第2帧中按"F6"插入一个关键帧，使用"箭头"工具调整红旗旗面的形状，或者将旗面删除，在原位置上按照第4步的方法重新绘制一个旗面；

　　6．采用同样的方法，在第3、4、5、6帧各插入一个关键帧并绘制旗面。全部绘制完成后的效果如图6所示，此时，红旗飘飘的动画就制作完了，按Ctrl+Enter键测试就可以看到一面随风飘动的红旗了。

　　大家通过这个例子可以看出逐帧动画基本上就是手绘动画，动画中的每个动作都是制作者亲自设计并绘制的，电脑并没有生成动画的中间过程，这和我们后面将要讲到的动画方式是有很大区别的。

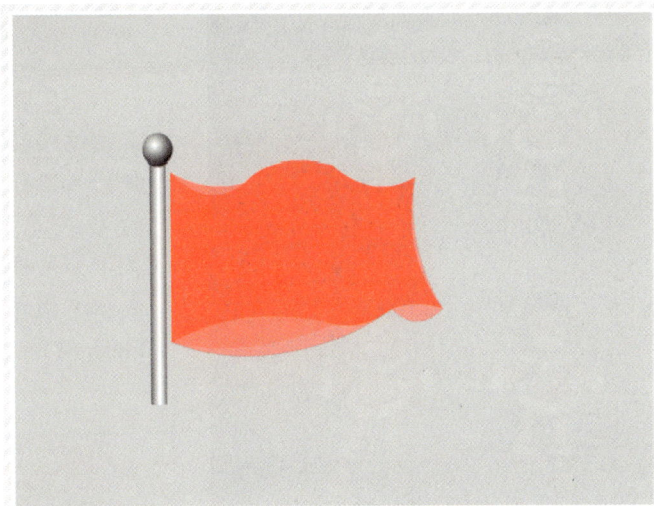

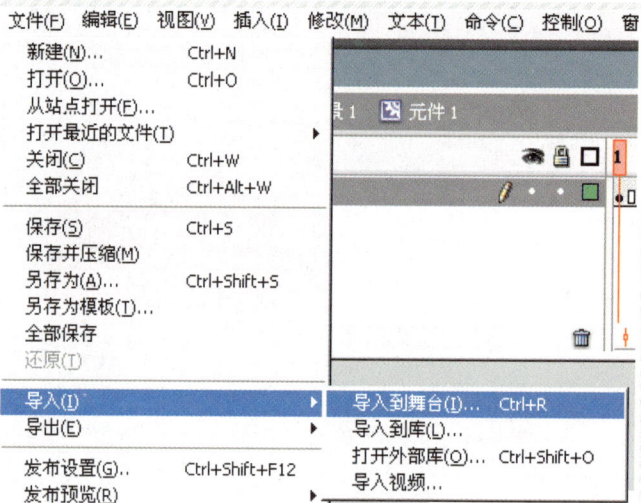

提示与说明

导入 .gif 图片的时候会提示"是否导入全部序列"，如果需要导入全部的动画，就选是，如果只是导入其中一幅图画，则选否。

实例二：跳舞的小姑娘

1. 新建 Flash 文档，设定背景色为黑色，场景大小为 550×400；

2. 执行【文件】|【导入】|【导入到舞台】命令，导入一幅 .gif 动画，如图 7 所示。导入时选择"导入全部序列"，此时可以看到 .gif 动画自动分配到时间轴的帧上，每一个关键帧就是 .gif 动画中的一个关键动作；

3. 选中所有的帧，然后点击右键执行【剪切帧】将所有帧剪切，同时按 F8 新建一个影片剪辑，命名为"跳舞"，进入新建的影片剪辑中，在时间轴上按右键执行【粘贴帧】，将刚才剪切的帧复制到剪辑中。

4. 回到场景中，从库中将"跳舞"剪辑拖入到场景中，动画制作就完成了，按 Ctrl+Enter 测试。

图 8 中列出了本例中的几个关键帧中的动作，Flash 就是通过连续重复的播放这些动作来产生动画效果的。

提示与说明

.gif 动画其实就是逐帧动画的一种，只不过其发布的形式是图片格式，如果将其制作成 .swf 格式，就是 Flash 动画。

形状补间动画

形状补间动画是 Flash 中非常重要的表现手法之一，运用它可以变幻出各种奇妙的、不可思议的变形效果。本节就从形状补间动画基本概念入手，通过实例带领大家一步一步地学习形状补间动画的制作。通过学习大家会了解到形状补间动画在时间帧上的表现以及形状补间动画的创建方法，并学会应用"形状提示"让图形的变形自然流畅。

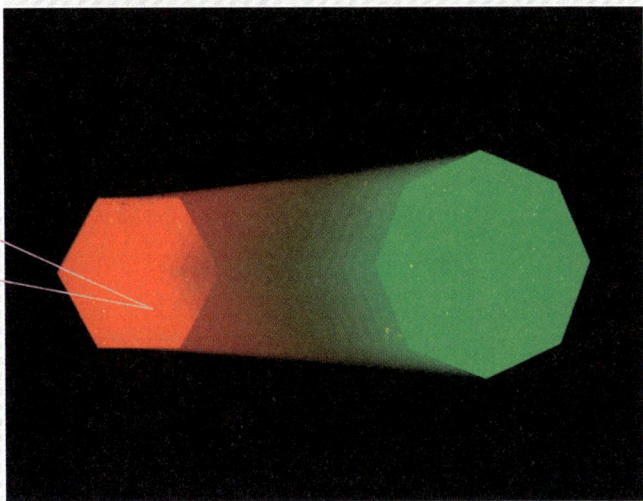

> 这是一个红色的六边形变成绿色的八边形的形状补间动画

形状补间动画的效果如图 1 所示。形状补间动画可以实现两个图形之间颜色、形状、大小、位置的相互变化，如果使用图形元件、按钮、文字，则必须先"打散"再变形。形状补间动画建好后，时间轴帧面板的背景色会变为淡绿色，在起始帧和结束帧之间有一个长长的箭头，如图 2 所示。

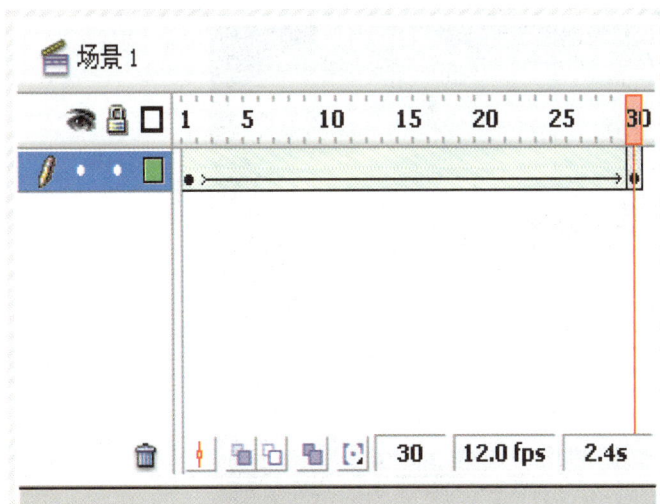

提示与说明

如果动画未创建成功，则实线会变成虚线，而且也没有箭头。

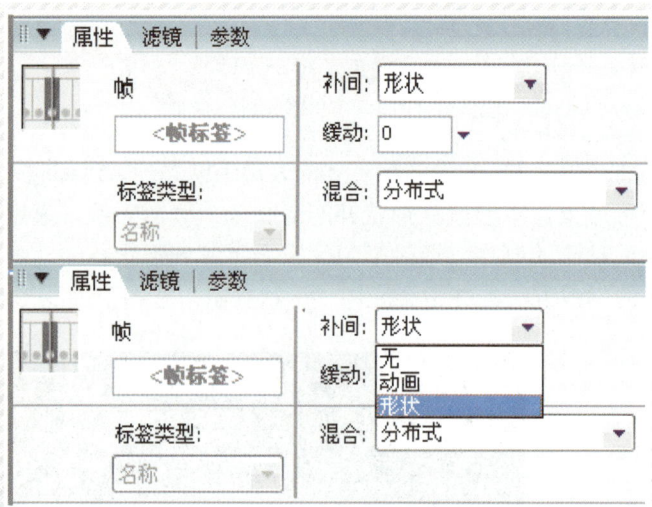

　　创建形状补间动画的方法：在时间轴面板上动画开始播放的地方创建或选择一个关键帧并设置要开始变形的形状，一般一帧中只放置一个对象，在动画结束处创建或选择一个关键帧并设置要变成的形状，再单击开始帧。在【属性】面板上单击"补间"旁边的小三角，在弹出的菜单中选择"形状"，如图 3 所示，一个形状补间动画就创建完毕。

　　在此需对【属性】面板中的右侧两项内容做一点说明。

　　"缓动"选项：在"0"边有个滑动拉杆按钮，单击后上下拉动滑杆或填入具体的数值，形状补间动画会随之发生相应的变化。在 –1~ –100 的负值之间，动画运动的速度从慢到快，朝运动结束的方向加速度补间。在 1~100 的正值之间，动画运动的速度从快到慢，朝运动结束的方向减慢补间。

　　"混合"选项：（1）"角形"：创建的动画中间形状会保留有明显的角和直线，适合于具有锐化转角和直线的混合形状。（2）"分布式"：创建的动画中间形状比较平滑和不规则。两种效果如图 4 所示。

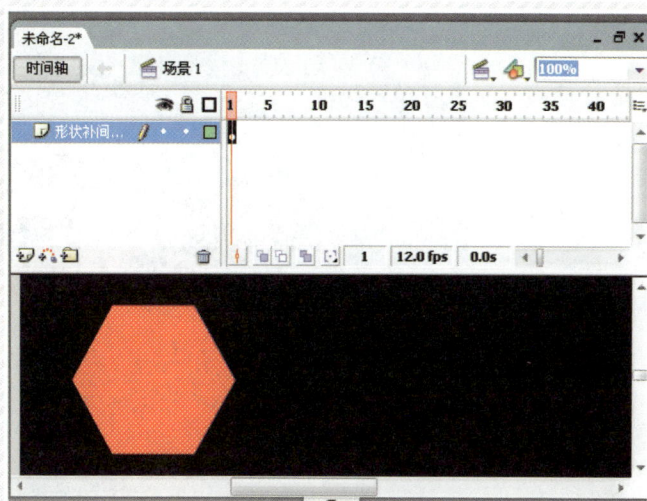

了解了形状补间动画的基础知识，下面我们就来实践一下，通过实例来学习这种动画的详细制作过程。

实例一：简单变形

1. 新建一个 Flash 文档，设置场景大小为 550×400，背景色为黑色；

2. 选中第 1 帧，使用"矩形"工具中的多边形工具绘制一个正六边形，颜色为：#FF0000，并将其边线删除，如图 5 所示；

3. 选中第 30 帧，按 F6 插入一个关键帧，将场景中的正六边形删除，使用"矩形"工具绘制一个正八边形，颜色为：#009900，同样将其边线删除；

4. 调整第 1 帧和第 30 帧中两个图形的位置，使其分别位于场景偏左和偏右的位置；

5. 单击时间轴上除 30 帧外的任意一帧，并在【属性】面板中的【补间】选项中选择"形状"，会发现时间轴上从第 1 帧到第 30 帧出现一个很长的箭头，并且帧的背景变成了浅绿色，此时形状补间动画就制作好了，如图 6 所示。

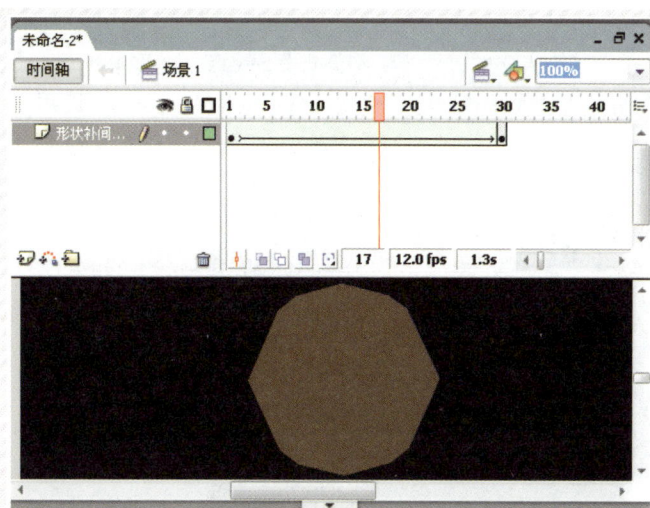

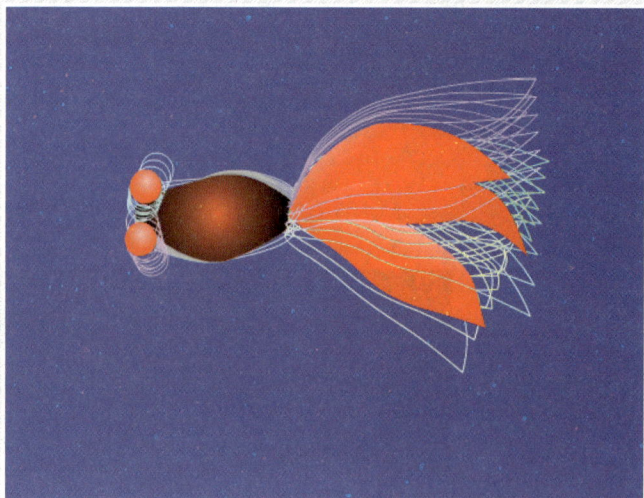

实例二：游动的鱼（动画效果如图 7 所示）

1. 新建一个 Flash 文档，设置场景大小为 550×400，背景色为#0033FF；

2. 将图层 1 名称改为"身体"，再按"新建图层"按钮新建 5 个图层，由上至下分别命名为："尾巴上"、"尾巴中"、"尾巴下"、"眼睛上"和"眼睛下"，每个图层中分别绘制鱼的身体各部分。由于形状补间动画一层中只能有一个对象，因此，我们将一只完整的鱼分成了几部分，每一部分分别绘制于不同的图层；

3. 单击"身体"图层，在场景中绘制一条鱼，可以使用"钢笔"工具或"铅笔"工具绘制。先勾出鱼的轮廓，然后填充颜色，如果没有手绘基础，也可以先导入一幅图片作为参考，然后对图片进行描边绘制。我们这里使用"钢笔"工具绘制，选取"钢笔"工具鼠标在场景上点击分别勾出鱼的身体各个部分，与第 1 步中所建的图层一一对应，填充颜色时选择【线性】，滑块颜色用红、黑和白三种，读者也可自行选择鱼的颜色，只要注意颜色的过渡就可以。绘制完成后的效果如图 8 所示；

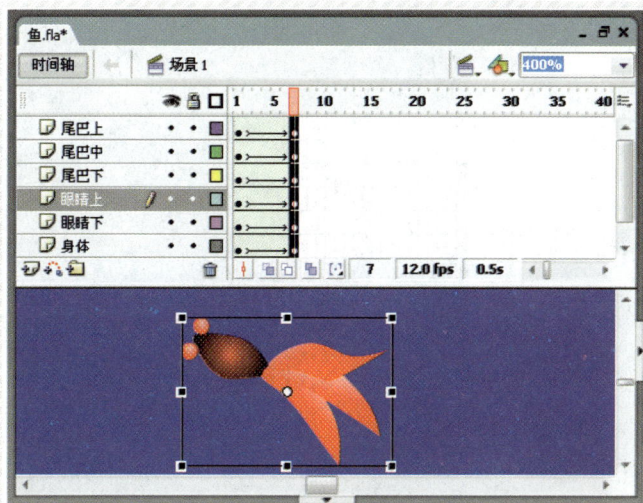

　　4．将鱼身体的各个部分分别"剪切"并使用【粘贴到当前位置】粘贴到各自相对应的图层中，在每个图层第 7 帧分别插入一个关键帧，按住 Ctrl 键，左键单击每个图层的第 7 帧，将其全部选中，然后按"任意变形"工具，将鱼整体转动一个角度，然后在三个"尾巴"图层的第 7 帧中，用鼠标拖动尾巴边缘，将尾巴的形状做一些改变，使其和第 1 帧有所区别。完成后单击每个图层第 1 帧，在【属性】面板中将【补间】类型选为"形状"，设置完成后的效果如图 9 所示；

　　5．在每个图层第 14 帧各插入一个关键帧，同样的方法选中鱼将其再旋转一个角度，同时对鱼尾部分做适当的改变，然后也在【属性】面板中将【补间】类型选为"形状"；

　　6．继续在第 20 帧中插入关键帧，选中该帧中的所有内容，将其删除，然后选中所有图层第 1 帧，点击鼠标右键，在弹出菜单中执行【复制帧】，鼠标点击最上层第 20 帧，点击右键选择【粘贴帧】，此时就将第 1 帧的内容复制到第 20 帧了，最后点击 14 帧，在【属性】面板中将【补间】类型选为"形状"，如图 10 所示，至此鱼儿游动的动画就制作完成了。

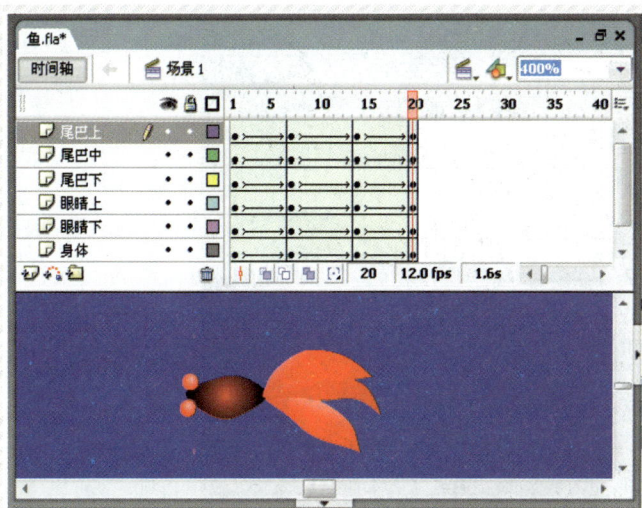

　　使用形状提示做变形动画：形状补间动画看似简单，但是 Flash 在比较两个关键帧中图形的差异时，有时会很"笨拙"，尤其前后图形差异较大时，变形结果会显得乱七八糟，我们看图 11 中的例子，图中截出了由数字 1 变成 5 时的中间图形，可以看到中间图形形状很乱，这时如果使用"形状提示"功能会大大改善这一情况。"形状提示"就是在"起始形状"和"结束形状"中添加相对应的"参考点"，使 Flash 在计算变形过渡时依一定的规则进行，从而较有效地控制变形过程。

　　添加形状提示的方法：在形状补间动画的开始帧上单击一下，执行【修改】|【形状】|【添加形状提示】命令，该帧的形状就会增加一个带字母的红色圆圈，相应的，在结束帧形状中也会出现一个"提示圆圈"，用鼠标左键单击并分别按住这两个"提示圆圈"，在适当位置安放，安放成功后开始帧上的"提示圆圈"变为黄色，结束帧上的"提示圆圈"变为绿色，安放不成功或不在一条曲线上时，"提示圆圈"颜色不变。图 12 显示了这一过程的变化情况。

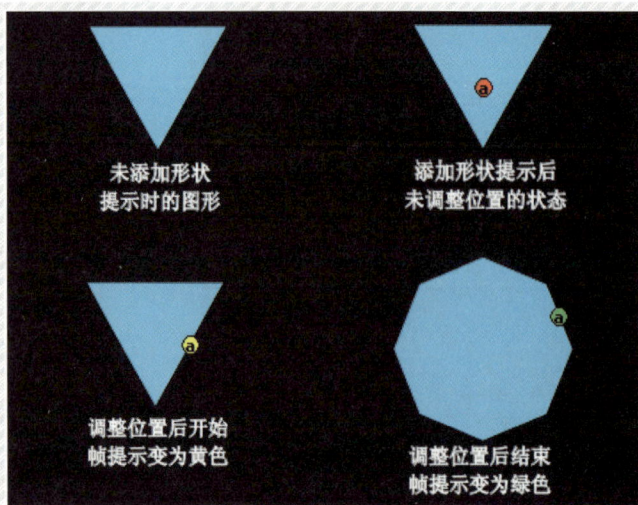

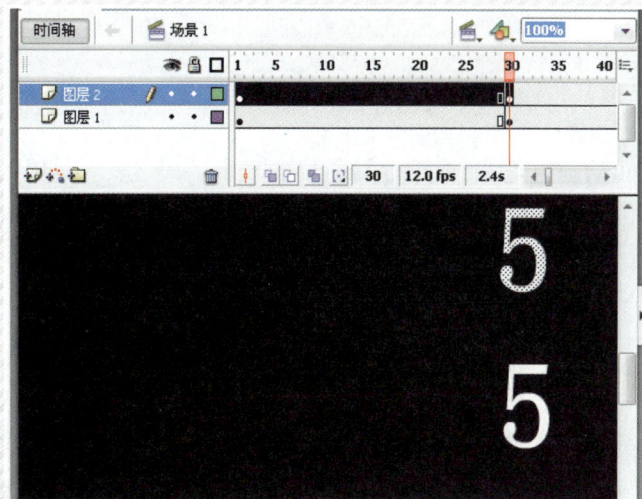

实例三：使用形状提示做变形动画

1．新建一个 Flash 文档，设置舞台尺寸为 550×400，背景色为黑色#000000；

2．创建变形对象：使用文本工具在场景中写个数字"1"。先在图层 1 的场景左边中写入数字"1"，在【属性】面板上设置文本格式为"静态文本"、字体为"宋体"、字号为 100、颜色为白色。再新建一个图层，在场景右边写入数字"1"，参数同上，此层是添加形状提示层，以和未添加提示的层作对比。然后在两层各 30 帧的地方插入一个关键帧，各写入数字"5",在第 60 帧处加普通帧，使变形后的文字稍做停留，如图 13 所示；

3．把字符转为形状:逐一选取各层数字的第 1、40 帧，执行【修改】|【分散】命令，或选中数字，按 Ctrl+B，把数字打散转为形状；

4．创建补间动画：分别点击图层 1、2 的第 1 帧，创建各自建立形状补间动画；

5．添加形状提示：在图层 2 的第 1 帧处，执行【修改】|【形状】|【添加形状提示】命令 4 次，添加 4 个形状提示，如图 14 示，按 Ctrl+Enter 发布动画，对比两层动画的区别。

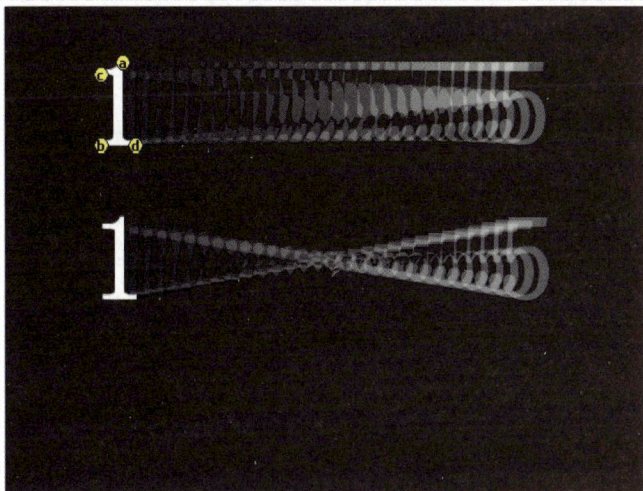

动作补间动画

动作补间动画也是 Flash 中非常重要的表现手段之一，运用动作补间动画，可以设置元件的大小、位置、颜色、透明度、旋转等种种属性，如图 1 所示，动作补间动画是一种基本的动画手法，通过与别的动画手法配合，可以做出许多特效。本节中我们将通过实例讲解动作补间动画的特点及创建方法，分析动作补间动画和形状补间动画的区别。

从上至下依次是大小、位置、旋转、透明度的变化效果

创建动作补间动画：创建或选择一个关键帧并设置一个元件，注意一帧中只能放一个元件。在动画要结束的地方创建一个关键帧并设置该元件的属性，再单击开始帧，在【属性】面板上单击"补间"旁边的"小三角"，在弹出的菜单中选择【动画】，或单击右键，在弹出的菜单中选择【新建补间动画】，就建立了"动作补间动画"，如图 2 所示。

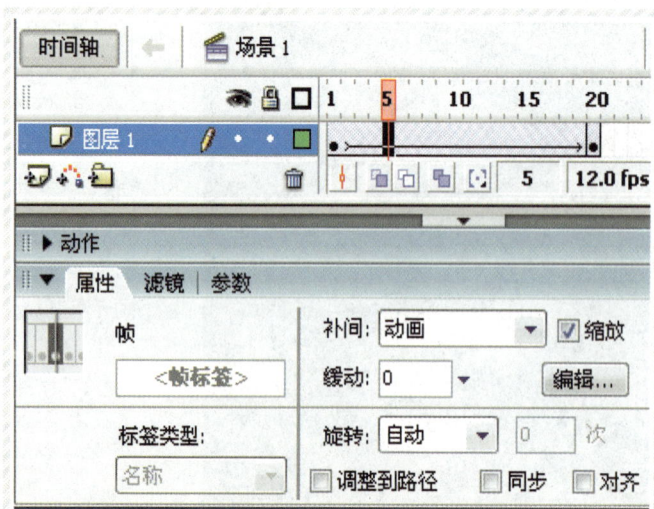

提示与说明

与形状补间动画不同的是，动作补间动画的对象必须是"元件"或"成组对象"。

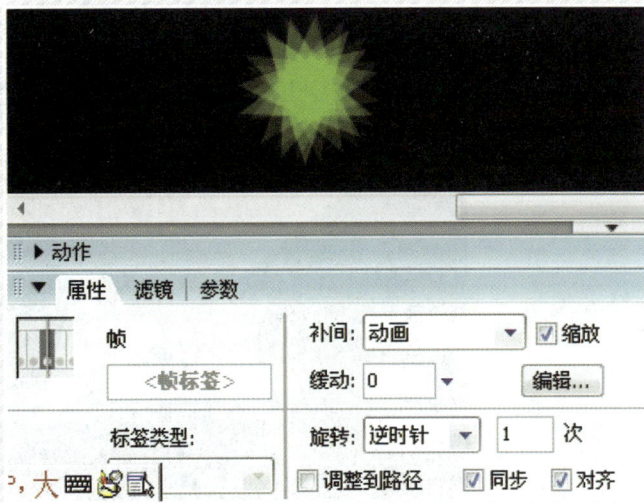

了解了动作补间动画的概念，下面我们学习动作补间动画的【属性】面板的有关属性设置。

"缓动"选项：在"0"右边有个滑动拉杆按钮，单击后上下拉动滑杆或填入具体的数值，其效果与形状补间动画的"简单"选项效果相同，请参见前一节。

"旋转"选项：有四个选择，选择"无"（默认设置）禁止元件旋转；选择"自动"可以使元件在需要最小动作的方向上旋转对象一次；选择"顺时针"(CW) 或"逆时针"(CCW) ，并在后面输入数字，可使元件在运动时顺时针或逆时针旋转相应的圈数。效果如图3上部所示。

"同步"复选框：使图形元件实例的动画和主时间轴同步。

"调整到路径"：将补间元素的基线调整到运动路径，此项功能主要用于引导线运动，我们在下一节中要谈到此功能。

"对齐"选项：可以根据其注册点将补间元素附加到运动路径，此项功能主要也用于引导线运动，如图4所示。这一选项也会在下一节详细介绍。

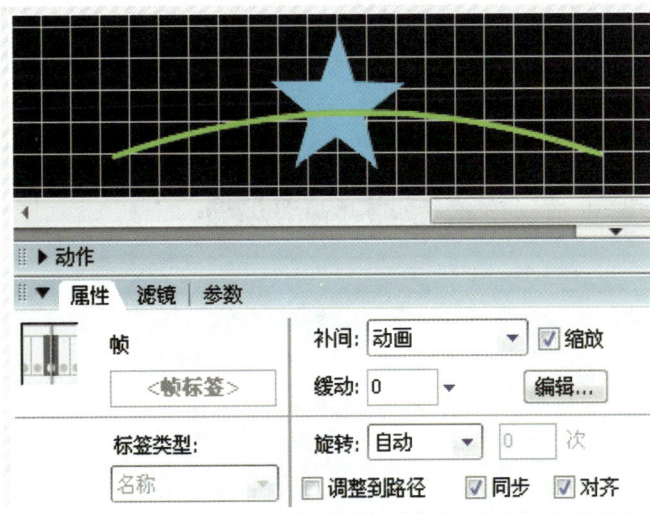

了解了动作补间动画的基础知识，下面通过实例来学习这种动画的详细制作过程。

实例：转动的红星

1. 新建 Flash 文档，设置场景大小为 550×400，背景色为黑色；

2. 鼠标单击第 1 帧，使用"多角形"工具在场景上绘制一个五角星，然后用"直线"工具，将五角星的顶点与和其对面的点连起来。点击【颜色】面板|【混色器】选项，选择线性填充，对五角星每一部分填充分别使用"填充变形"工具调整填充颜色，调整到如图 5 所示的效果。选中红星，将所有线条删除，按 F8 将其转化成一个影片剪辑；

3. 选中第 30 帧，按 F6 插入一个关键帧，鼠标右键单击该图层上任意一帧，在弹出菜单中选择【创建补间动画】，此时我们会发现时间轴上帧的颜色变成浅紫色，并且第 1 帧到第 30 帧之间有一个黑色实线箭头，这表明动画已创建成功，但此时红星是没有任何动作的。在【属性】面板中将【旋转】选择为"顺时针"，次数为 10 次，如图 6 所示，再按回车键观看动画效果，旋转的红星就制作完毕了。

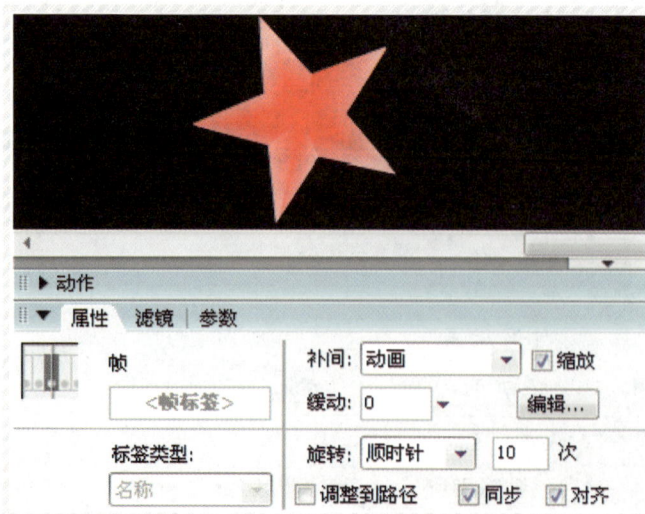

引导层动画

通过上一节的学习，我们掌握了动作补间动画的制作方法，但是我们发现，动作补间动画的运动路径只能是直线，可实际上，有很多运动是弧线或不规则的，如月球围绕地球旋转、鱼儿在大海里遨游等，此时动作补间动画就无能为力了。在 Flash 中怎样做出这种效果呢，这就是我们这节要讲述的 "引导层动画"。引导层形状如图 1 所示。

没有"被引导层"的"引导层"图标

有"被引导层"的"引导层"图标

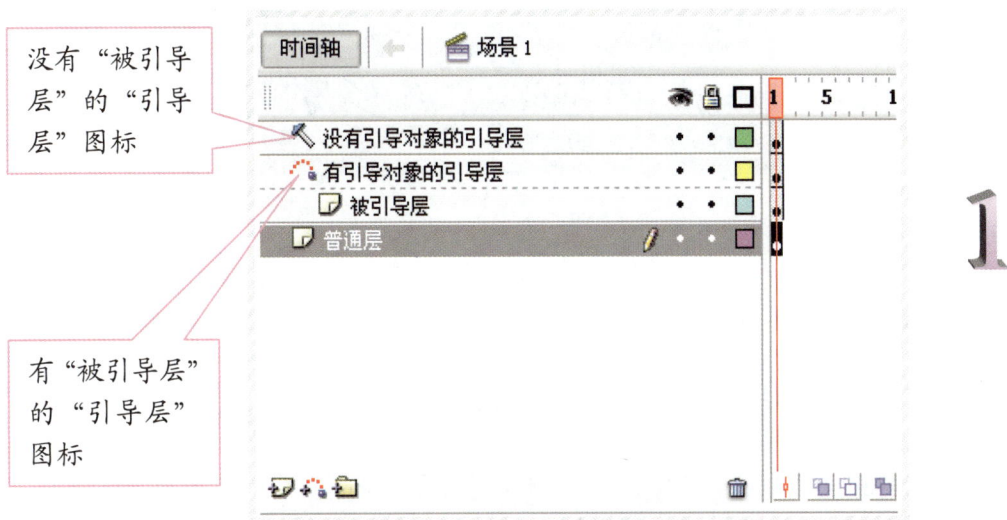

1

"引导层动画"最基本的操作就是使一个运动动画"附着"在"引导线"上。所以操作时要特别注意"引导线"的两端，被引导的对象起始、终点的两个"中心点"一定要对准"引导线"的两个端头，如图 2 所示。用鼠标拖动原件，可以透过元件看到下面的引导线，"元件"中心的圆圈正好对着引导线的端头。

2

提示与说明

注意：如果没有将原件附着在引导线两端，引导动画将不能顺利运行。

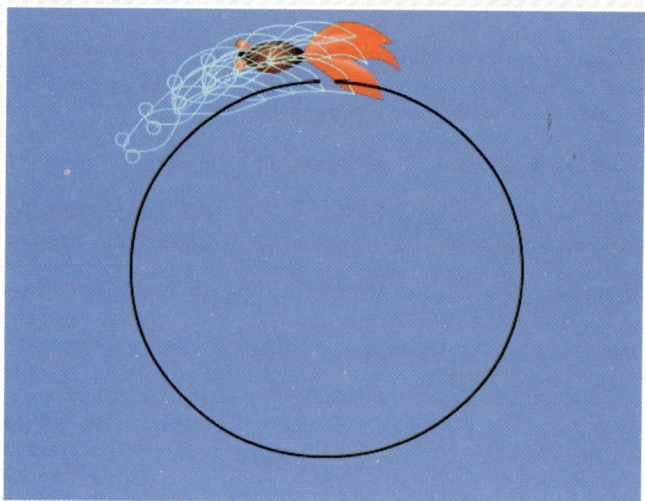

引导层动画的要点：

1. "被引导层"中的对象在被引导运动时，可作更细致的设置，比如运动方向。在【属性】面板上的【路径调整】前打上勾，对象的基线就会调整到运动路径。而如果在【对齐】前打勾，元件的注册点就会与运动路径对齐，如图 3 所示；

2. 在做引导路径动画时，按下工具栏上的【对齐对象】功能按钮，可以使"对象附着于引导线"的操作更容易成功；

3. 过于陡峭的引导线可能使引导动画失败，而平滑圆润的线段有利于引导动画成功制作；

4. 引导线可以重叠，比如螺旋状引导线，但在重叠处的线段必须保持光滑，以使 Flash 能辨认出线段走向，否则会使引导失败；

5. 如果制作圆周运动，可以在"引导层"绘制圆形线条，再用橡皮擦去一小段，使圆形线段出现 2 个端点，再把对象的起始、终点分别对准端点即可，如图 4 所示。

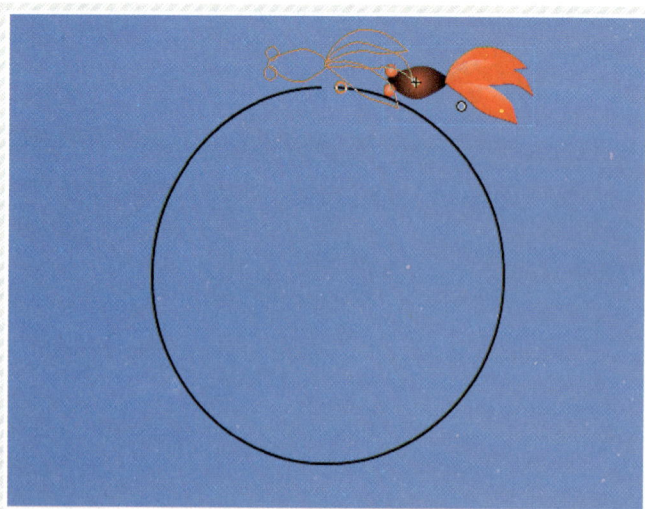

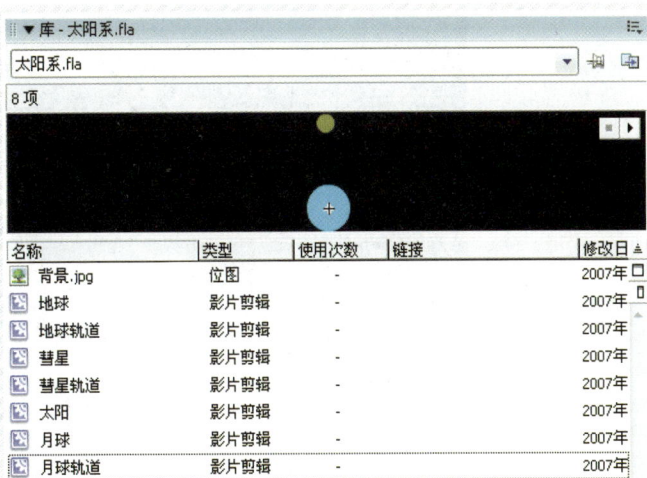

实例：绘制太阳系

这个例子中，我们将在平面上简单模拟地球、月球和彗星绕太阳的运动，主要使用引导层动画和动作补间动画的手法来制作：

1．新建一个 Flash 文档，设置场景大小为 640×480，背景色为黑色；

2．按 Ctrl+F8 新建一个"动画剪辑"原件，命名为"地球"，用同样的方法，再新建六个"动画剪辑"原件，依次命名为：地球轨道、彗星、彗星轨道、太阳、月球、月球轨道。然后从网上找一幅星空的背景图片，执行【文件】|【导入】|【导入到库】，将图片导入到库中，并将图片命名为"背景"。此时【库】面板如图 5 所示；

3．双击"地球"影片剪辑，对其编辑，在第 1 帧中绘制一个圆形，设置颜色为#00CCFF。用同样的方法，对"太阳"、"月球"和"彗星"分别进行编辑，绘制出各自的形状。由于彗星运动的时候尾巴始终是背对着太阳的，所以绘制彗星时，使彗尾的方向朝右，这样绘制在接下来的动画制作中便于控制，完成后如图 6 所示；

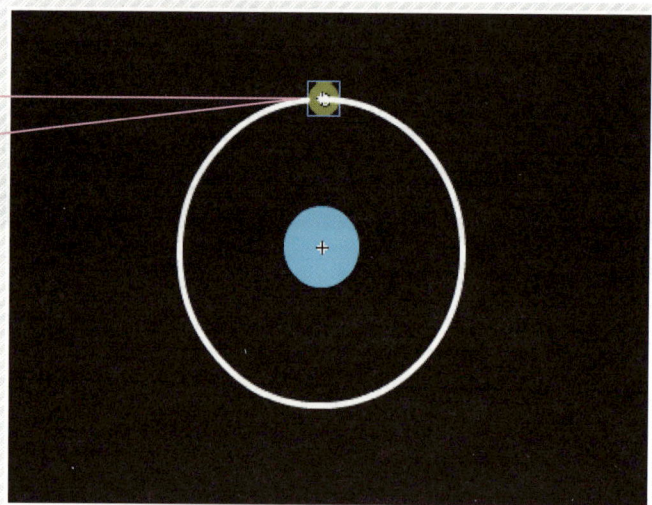

注意圆形缺口不要太大，太大了会影响动画的流畅性

7

4. 在【库】面板中双击"月球轨道"编辑"月球轨道"剪辑后，按【新建图层】按钮新建两个图层，鼠标右键单击最上层的图层，在弹出的菜单中选择【引导层】，将该图层设置为引导层，单击下面一层的第 1 帧，从【库】面板中将"月球"组件拖入，用同样的方法，将"地球"组件拖入到最下面一层中；

5. 绘制月球轨道。在引导层中绘制一个白色的圆形，删除掉中间的填充，然后再用"橡皮擦"工具擦掉圆形上方一小部分，使圆形断开；

6. 调整"地球"和"月球轨道"的相对位置。拖动"月球"，使其中心点位于圆形图案的一个端点上，如图 7 所示；

7. 鼠标单击"月球"所在的图层，再单击第 20 帧，按 F6 插入关键帧，将"月球"拖动到圆形的另一个端点。选中该层所有帧，单击右键，执行【创建补间动画】，此时如果月球的中心点都对准了圆形的两个端点，引导动画就创建成功了，如果不成功，继续调整"月球"在圆形两端点的位置。在其他两层第 20 帧中也插入一个关键帧。效果如图 8 所示；

8

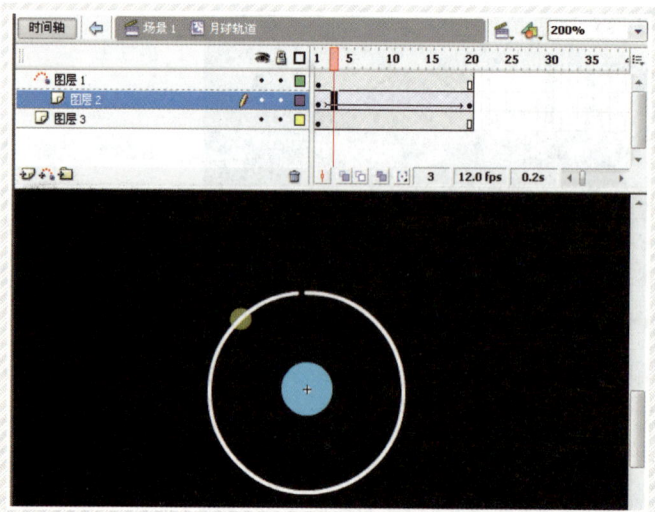

提示与说明

在【工具箱】面板中选中【选项】中的【磁铁】按钮，被引导的对象就容易对齐到引导线的端点了。

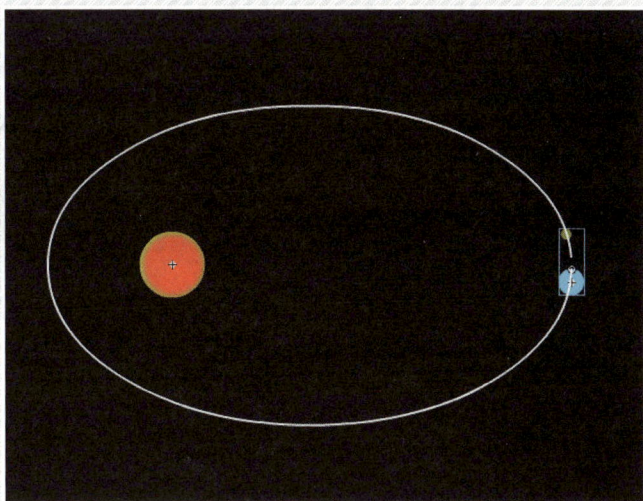

8. 制作好了月球绕地球的运动动画，现在我们来制作地球和月球共同绕太阳旋转的动画效果。同前面的做法类似，在【库】面板中双击"地球轨道"，编辑"地球轨道剪辑"，新建两个图层，将最上方的图层设置为"引导层"。从库中将"太阳"拖入到最下方的图层，将"地球轨道"拖入到中间的图层，注意这里拖入的是"地球轨道"，这是我们刚才制作好的月球绕地球的动画组件，现在我们将其看作一个整体来制作地球绕太阳的运动。这是两个动画的嵌套，像这样将简单动画的组合嵌套就可以制作出复杂的动画；

9. 在引导层中绘制一个白色椭圆形的地球轨道，同第5步类似，删除掉填充，擦出一个缺口，同时调整太阳、地球的位置，使太阳位于椭圆的一个焦点上，如图9所示；

10. 鼠标单击"地球轨道"所在的图层，再单击第60帧，按F6插入一个关键帧，将"地球轨道"拖动到椭圆形的另一个端点。然后选中该层所有帧，单击右键，选择【创建补间动画】。同前面创建引导层动画一样，如果两个端点都对齐，引导动画就创建成功了，同样，在其余两个图层中的第60帧中也各插入一个关键帧，效果如图10所示；

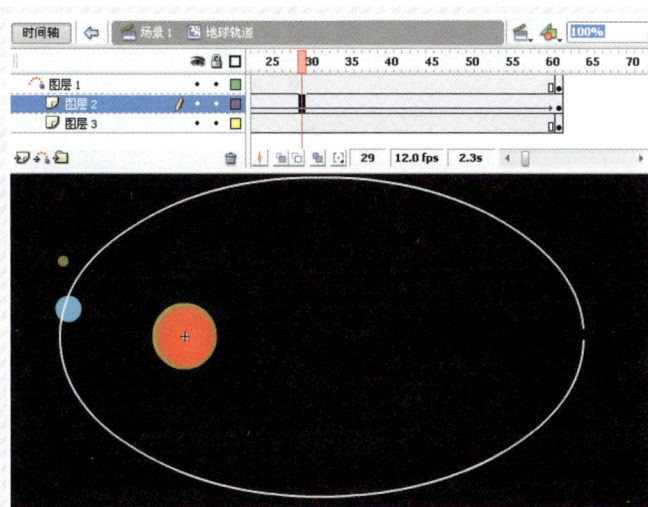

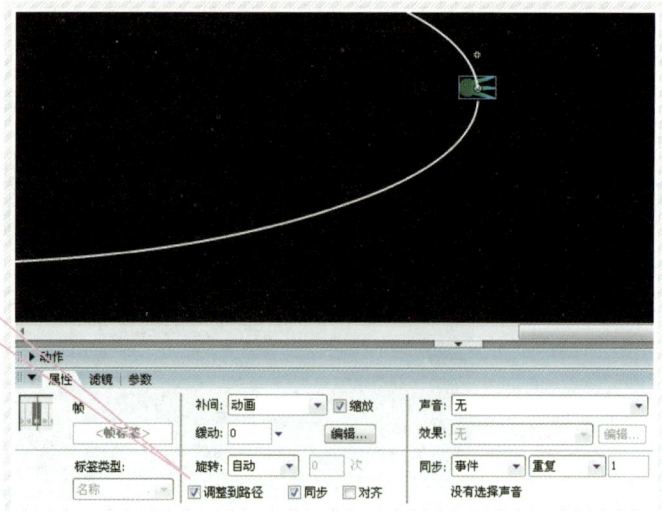

调整到路径选项，将该选项选中

11．制作彗星动画。彗星动画和前面两个类似，不同的是彗星运动过程中彗尾方向是不断改变的，始终背向太阳，因此我们制作时要用到"调整到路径"工具。同前面的制作步骤一样，双击【库】面板中"彗星轨道"，对其编辑，由于彗星运动周期一般都较长，所以我们绘制彗星轨道时需绘制一个更大的椭圆。创建好补间动画后，单击属性栏中"调整到路径"选项，将其选中，这时彗星在运动时会调整其方向，就可以实现彗尾始终背对太阳的效果，如图 11 所示；

12．我们在"地球轨道"中已经添加了太阳，因此在"彗星轨道"中就不必再次添加，彗星轨道动画中只有"引导层"和"彗星"两个层，为了使彗星的运动周期很长，我们分别在两个图层的第 120 帧插入关键帧，创建动画，同时我们将彗星轨道的一部分置于场景之外，这样在动画播放时，就可以模拟出彗星的回归效果：彗星从画面外飞入，然后绕太阳旋转后又飞出画面到远处，效果如图 12 所示。大家也可以计算地球、彗星绕太阳一周的运动时间比例，然后计算出动画所需帧数，这样动画就更逼真了；

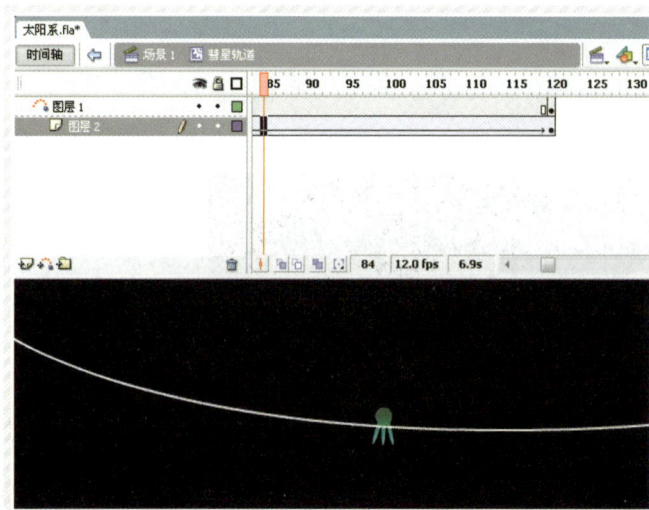

提示与说明

有时为了制作方便，我们可以将引导线复制到一个普通层中，以查看物体是否沿引导线运动，最后再将该层删除即可。

提示与说明

将彗星置于黑色场景外，动画播放时，才可以实现彗星的回归效果，右图中为了显示全部内容，显示比例为25%。

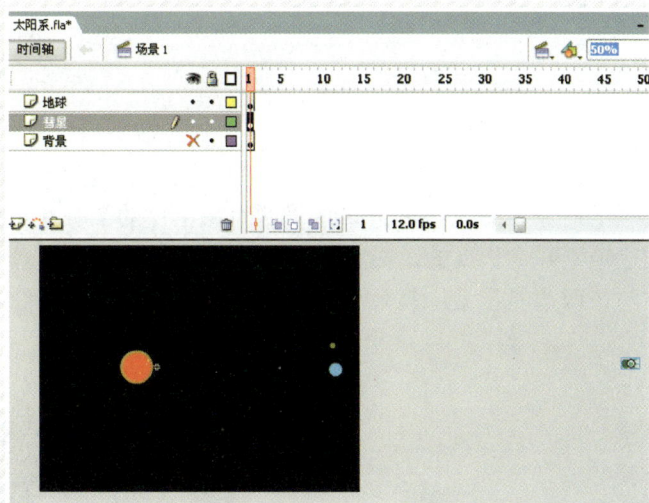

13

13．鼠标单击"时间轴"上方的【场景1】按钮，回到场景1中，单击【新建图层】按钮新建两个图层，将3个图层自上而下分别命名为"彗星"、"地球"和"背景"；

14．单击"背景"图层，选中第1帧，然后点击【库】面板中的"背景"图片，按住鼠标左键将其拖动到场景中，调整位置，并使用"任意变形"工具调整其大小，使其刚好完全盖住黑色背景；

15．单击"地球"图层第1帧，从【库】中将"地球轨道"拖入到场景中，调整位置，使其全部位于场景内。用同样的方法，将"彗星轨道"拖入到"彗星"图层中，将彗星的位置置于地球的正右方，并且距离大于地球到太阳的距离。如图13所示，至此，全部动画制作就完成了，按Ctrl+Enter发布，观看动画。动画效果如图14所示。

读者还可以将太阳系中的其他行星加入到动画中，制作时可以先将所有行星轨道绘制在一个图层，以便调整位置，然后将每一个轨道"剪切"，在新的层中执行"粘贴到当前位置"，分别制作不同行星的运动动画。

14

提示与说明

动画中我们只是模拟运动效果，具体的公转时间比例读者可自行调整。

一般的遮罩动画

遮罩动画是 Flash 中一类特殊的动画，其主要是通过遮罩层来实现。遮罩的特点是：遮罩层下方层里的对象，只有在被遮罩层里的对象挡住的部分才可以显示出来，这和我们现实生活中的遮罩刚好是相反的，大家要注意这一点，现实中被遮住的东西看不见，而 Flash 中，被遮住的东西才能看见，其余部分都是不可见的，我们从图 1 中可以看出这个特点。

遮罩层中的图形最终不会显示在动画中

只有被遮住的地方才会显示

原始图画

遮罩层中的图形

最终显示的图画

创建遮罩层有两种方式：

1. 在图层上单击右键，在弹出的菜单中选择【遮罩层】即可，如图 2 所示；

2. 在图层上单击右键，在弹出的菜单中选择"图层属性"，在弹出的"图层属性"对话框中选择遮罩层选项，按【确定】按钮。这里如果选择被遮罩选项，则创建了被遮罩层。

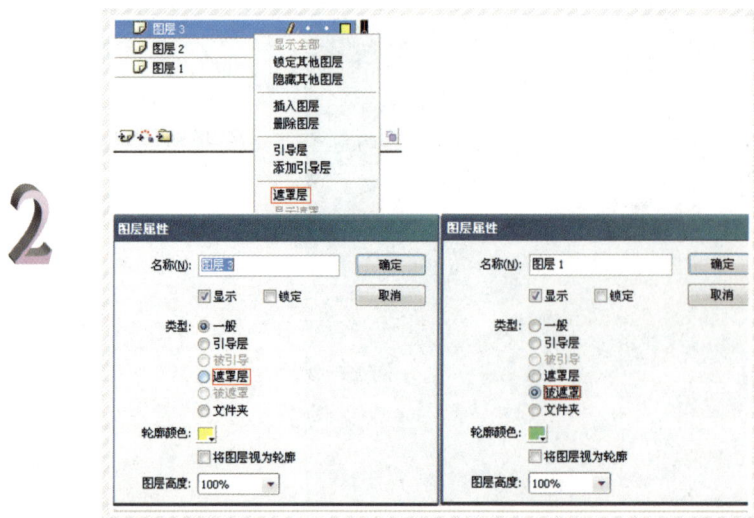

> **提示与说明**
>
> 遮罩层中的图形必须是填充，线条是不能产生遮罩效果的。

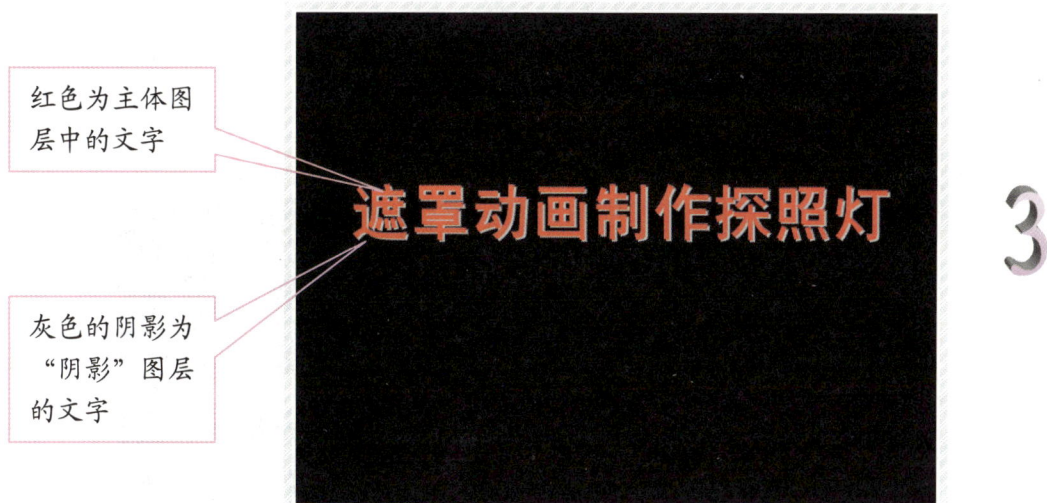

红色为主体图层中的文字

灰色的阴影为"阴影"图层的文字

实例一：探照灯效果

1. 新建一个 Flash 文档，点击【属性】面板，设置动画背景为黑色，大小为 640×480；

2. 双击图层 1 将图层 1 命名为"主体"，然后点击"文字"工具，在工作区中输入文字："遮罩动画探照灯"，设置文字的属性为：黑体、加粗、字体大小为 60，颜色为#FF0000；调整文字位置至场景中间；

3. 单击【增加图层】按钮 3 次新建 3 个图层，依次命名为：遮罩、背景、阴影；

4. 单击主体图层，选中文字，按 Ctrl+C 复制文字，然后点击"阴影"图层，在工作区单击右键，选择"粘贴到当前位置"将文字粘贴到该层，将文字颜色改为#CCCCCC，单击选中文字，按方向键盘"↓"和"→"各两次，将文字位置微调，以产生阴影效果，如图 3 所示；

5. 单击背景图层，点击右键选择"粘贴到当前位置"将主体图层的文字复制过来，然后设置文字的颜色为#333333；

6. 拖动调整各图层顺序，从上至下依次为：遮罩、主体、阴影、背景，如图 4 所示；

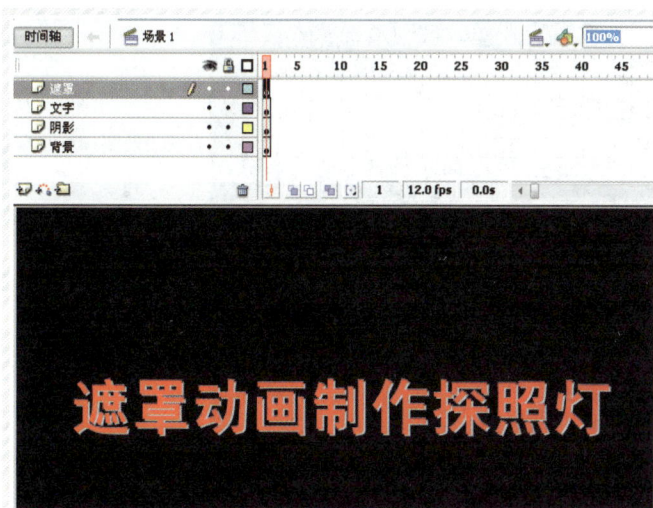

提示与说明

　　移动对象位置的方法很多，可以按住鼠标拖动，也可以在属性栏中直接输入坐标，微调可以按键盘方向键。

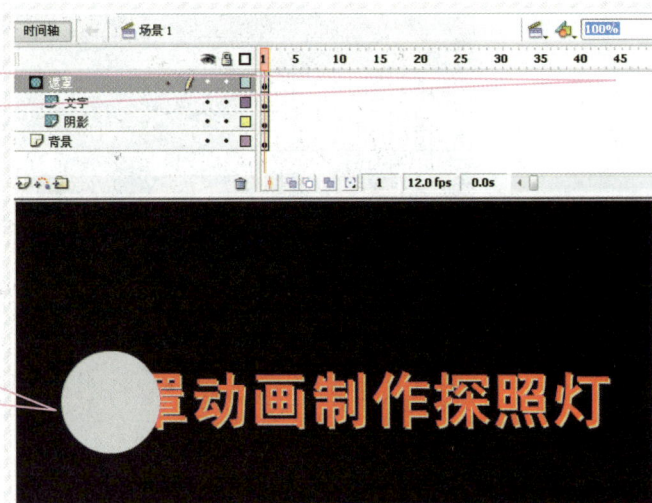

在此处按F6插入一个关键帧

将圆形置于文字之上产生遮罩效果

7. 单击除遮罩层以外的其他图层右边的【锁定】按钮，将其他图层锁定，锁定其他图层是为了防止在编辑某一层的过程中对其他图层的误操作。点击遮罩层，在工作区中绘制一个圆形图案，删除圆的轮廓线，只留填充，圆形置于文字"遮"的位置。执行【窗口】|【信息】，在"信息"窗口中设置圆形的 X、Y 值为 50；

8. 右键单击遮罩层，在弹出菜单中选择"遮罩层"选项，然后按【确定】按钮。选择主体图层和阴影图层，按住左键拖动到遮罩层的下方，松开鼠标后，这两层便变为被遮罩层，如图 5 所示；

9. 单击遮罩层，鼠标点击第 45 帧，然后按 F6，插入一个关键帧，将绘图区中的圆形选中拖动到文字"灯"的位置，按住 Shift 键点击第 60 帧和第 1 帧将遮罩层的全部帧选中，单击右键选择"创建补间动画"；

10. 同样的方法单击其他各层，在 45 帧中各插入一个关键帧，

11. 按 Ctrl+Enter 发布动画，探照灯动画就完成了。最终效果如图 6 所示。

提示与说明

举一反三：如果给动画配上舞台的背景，将文字改成人物图像，就可以模拟舞台灯光的效果了。

实例二：旋转的地球

　　地球是立体的，而 Flash 是平面动画制作软件，不过我们通过巧妙的制作也可以实现地球旋转的效果，在视觉效果上很生动。下面我们就开始制作。

　　1．新建 Flash 文档，背景色设置为黑色，大小设置为 640×480，其他取默认值；

　　2．按 Ctrl+F8 新建一个图形元件"地图"，绘制一幅展开的世界地图，我们可以通过地图导入图片描绘其轮廓或者在网络上寻找得到，这里我们选择导入一幅地图图片，导入后将图片复制一次并连接，做成一幅两个连在一起的地图，如图 7 所示；

　　3．按 Ctrl+F8 新建一个影片剪辑"旋转的地球"，选中图层 1 的第 1 帧并把刚才绘制的地图图形元件拖入，调整位置使其处于舞台中央。并把此图层 1 改名为"地图"；

　　4．新建图层"地球"，并将其拖到图层"地图"的下方，绘制一个比地图图形元件稍大一些的圆形，颜色改为#0000FF，大小及位置如图 8 所示；

　　5．单击图层"地图"的第 1 帧，点击【视图】|【标尺】打开标尺，使用辅助线并拖动

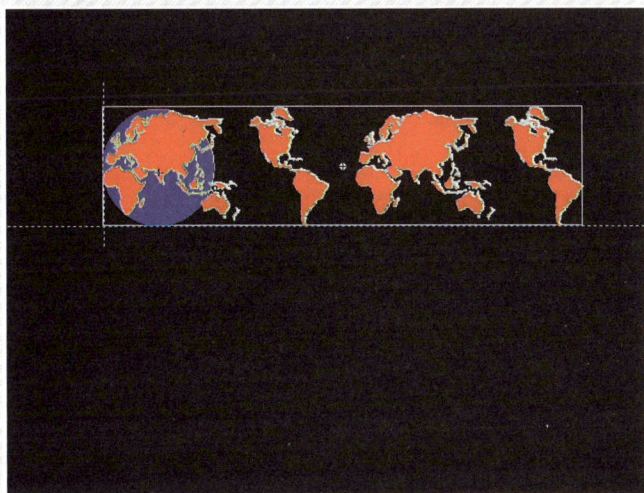

提示与说明

调整第 20 帧的图片位置，使地图的左边和第 1 帧时的左边缘位于同一个位置，然后按几次"→"键，这样播放时才能显得够流畅无停顿。

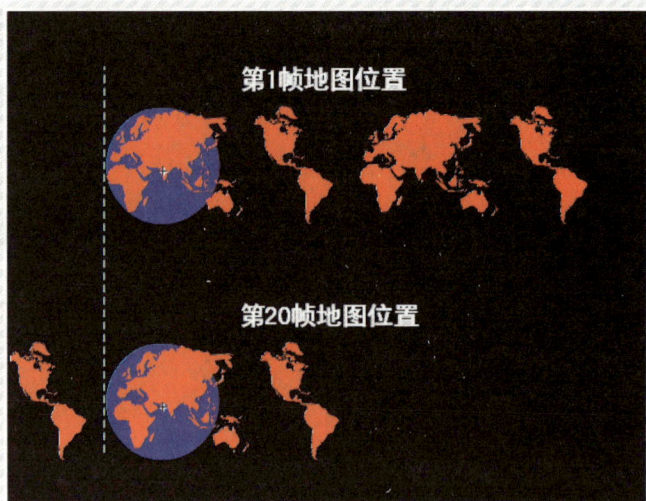

地图对地图位置进行调整，如图 8 所示；

6．按 F6 在第 20 帧插入一个关键帧，调整地图在第 20 帧的位置。注意地图重复的地方与辅助线的位置，请参见图 9 所示。

7．选中该层所有帧，点击鼠标右键，在弹出菜单中选择"创建补间动画"，然后右键单击"地图"图层将其改为遮罩层，"地球"图层自动改为被遮罩层。

8．新建图层"地球 2"，把"地球"图层中的圆形复制并由"粘贴到当前位置"放到图层"地球 2"中，并重新设定填充色为#0000FF；

9．将图层"地球"中的圆形颜色改为#FFFFFF，同时在第 20 帧插入一个关键帧，图层"地球 2"也在第 20 帧插入一个关键帧，如图 10 所示；

10．单击时间轴上方的【场景】按钮返回主场景，从库中把影片剪辑"旋转的地球"拖放到场景中。按 Ctrl+Enter 发布测试。旋转的地球就制作完成了，效果如图 11 所示。但是我们发现有几个问题：(1)地球自转是自西向东的，而在我们的动画中刚好相反；(2)地球

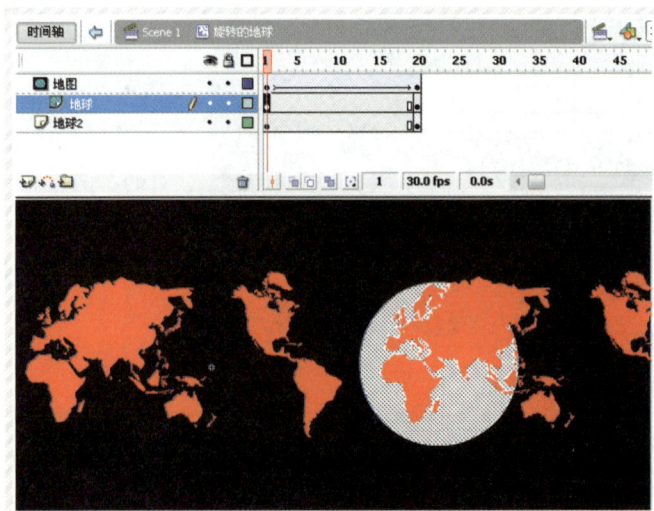

提示与说明

由于遮罩层中的对象是不显示的，因此最后发布的动画中地图的颜色不是红色，而是图层"地球"中圆形的颜色。

地球转动速度太快

地球的转动方向
是自东向西

旋转的地球

旋转速度太快。发现问题就及时纠正，一个好动画的制作过程就是不断发现不足并不断改进的过程，这样才能制作出完美漂亮的动画。

下面我们就来处理这个问题。

改变地球自转方向：回到动画中，查看"地图"图层，发现原来地图的移动是从右往左的，只要我们将地图的移动方向改变，地球的自转方向也就正确了。重新做一个地图移动的层太麻烦，而且还要注意地图对齐。这里我们用一个简便的方法：选中"地图"图层中的所有帧，然后点击鼠标右键，在弹出的菜单中选择【翻转帧】（见图12），【翻转帧】这种方法可以使动画的运动顺序和以前刚好相反。这样，地图的运动顺序正好与原来相反了，变成了自西向东。

改变地球转动速度：只要我们改变动画的播放速度就可以改变地球的转动速度。我们原来是在20帧中让地图移动，现在选中20帧，将其拖动到60帧，使它的运动时间变长，这样地球的转动速度就下降了。按Ctrl+Enter发布测试，一个旋转的地球就真正做好了。

提示与说明

要改变动画的播放速度也可以通过改变动画的"帧速度"实现，帧速度越小，动画播放越慢，但是低于12，动画就有停顿感。

复杂的遮罩动画

由于遮罩动画的用途非常广泛，而且可以实现很多特效，它也是 Flash 中比较难掌握的一种动画制作手法。这一节我们要介绍遮罩的嵌套和多层遮罩等复杂的遮罩动画，和简单的遮罩动画相比，复杂遮罩可以实现更多简单遮罩无法实现的特殊效果，下面我们就通过一个例子（如图 1 所示）来说明如何制作多层遮罩的效果。

此处的遮罩是多图层组合在一起的

1. 新建一个 Flash 文档，设置场景大小为 550×400，背景色为黑色；

2. 新建一个图层，在图层上点击鼠标右键，在弹出的图层属性中选择"遮罩层"，将该层设置为遮罩层，同时选中被遮罩层的第 1 帧，执行【文件】|【导入】|【导入到舞台】命令，导入一幅风景图片，如图 2 所示；

提示与说明

在将图片导入到 Flash 前最好先处理一下，因为太大的图片会使最后产生的动画文件增大，Flash 动画文件本身是很小的。

3. 执行【插入】|【新建元件】命令，新建一个影片剪辑，命名为"遮罩"，在该剪辑中新建 3 个图层，从上至下分别命名为："遮罩1"、"遮罩2"、"遮罩3"和"遮罩圆"，在"遮罩圆"图层中绘制一个圆形，颜色任意，"宽"和"高"都为167；

4. 再次执行【插入】|【新建元件】命令，新建一个图形，命名为"三角形"，在第 1 帧中绘制一个三角形，形状大小如图 3 所示，颜色任意；

5. 回到元件"遮罩"中，选择"遮罩1"图层，从库中将"三角形"元件拖入，拖入 4 次，将三角形的尖角对在一起，并在中间绘制一个矩形，将绘制好的图形整体旋转一定的角度，如图4 所示。在图层"遮罩2"和"遮罩3"中也进行相同的操作；

这 3 个图层将组成组合遮罩应用在下面的动画效果中，由于动作补间动画在同一层中只能有一个，所以如果我们想对一个物体应用多种组合遮罩效果，必须像本例中这样使用一个元件作为遮罩，在元件中可以进行各种遮罩层的组合，然后将元件拖入到场景中的遮罩层中即可产生遮罩效果；

在此设置动画的参数

在此设置旋转方式

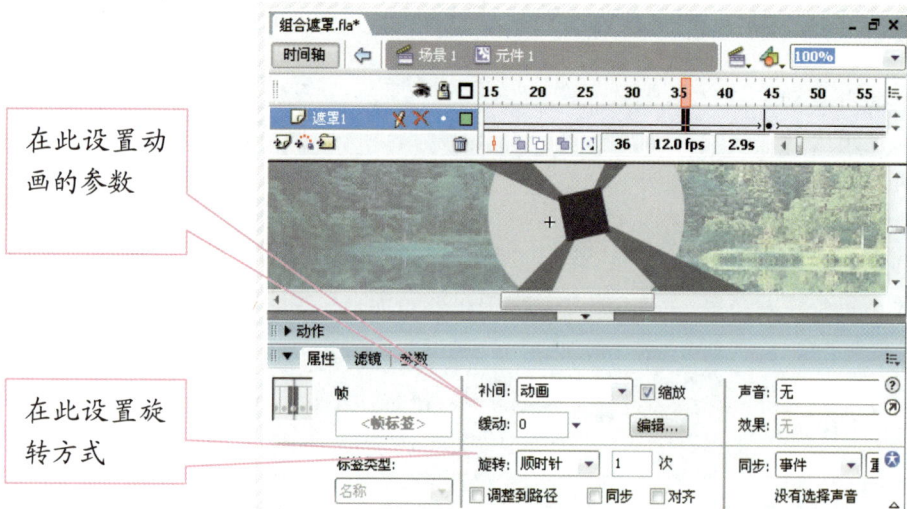

6. 在图层"遮罩 1"中，点选第 45 帧，按 F6 插入一个关键帧，选中场景中的图形，使用"任意变形"工具将其缩小，同时在【属性】面板中将【补间】选为"动画"，并在"缩放"前打勾，将【旋转】选为"顺时针"，次数为一次；继续在第 85 帧插入一个关键帧，将场景中的图形又回复到原来大小和角度，如图 5 所示；

7. 类似于第 5 步的方法，在图层"遮罩 2"中做相同的动画效果，不同的是在第 1 帧时将场景内的图形旋转-30°，【旋转】选项选择为"逆时针"，图层"遮罩 3"中也做类似的动画，在第 1 帧设置图形的角度为-80°，第 45 帧角度为 0，第 85 帧角度为-60°；3 个遮罩就做好了，让其同时动作对一个图形进行遮罩，就会产生很炫的效果，单一图层遮罩是不能实现这种效果的；

8. 按"场景 1"按钮回到场景中，从"库"中将"遮罩"元件拖入到"遮罩"图层第 1 帧，如图 6 所示，至此，整个动画就完成了，场景中只有 1 帧，但是由于元件中有动画效果，所以动画播放时仍然会产生动画遮罩效果。

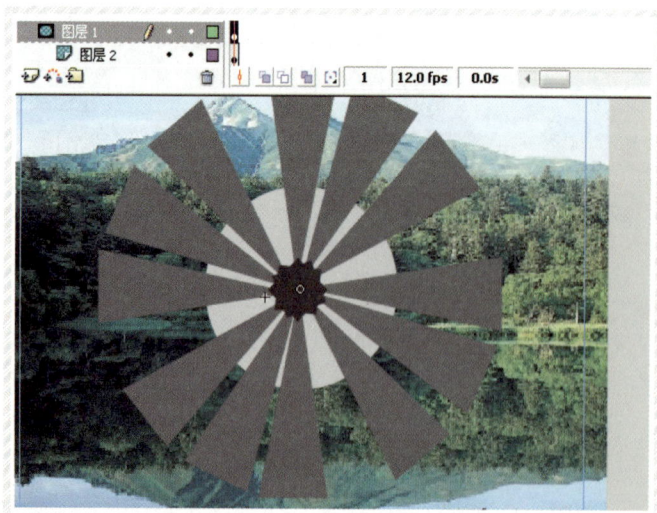

提示与说明

不是只有填充可以作为遮罩，以填充做成的动画元件也可以作为遮罩，但线条无论是什么形式都不能作为遮罩。

通过前面几节的学习，相信大家已经掌握了 Flash 动画的基本制作方法。这一节里，我们将综合运用前面所学的知识，将不同的动画制作方法组合使用，来制作复杂动画。我们还是从例子入手，通过一步步的实践最终掌握复杂动画的制作方法。

在这一节里，我们将制作一个海底世界的动画，动画的最终效果如图 1 所示。

小气泡

游动的鱼儿

这个实例中包括了动作补间动画、形状补间动画、遮罩动画、引导层动画 4 种动画形式，制作上要比前面几节中的实例难度大一些。通过这个实例也可以综合复习前面学过的内容。下面我们就开始制作。首先新建一个 Flash 文档，设置影片背景大小 640×480，背景颜色蓝色，如图 2 所示。接下来分别制作动画的各个组成部分。

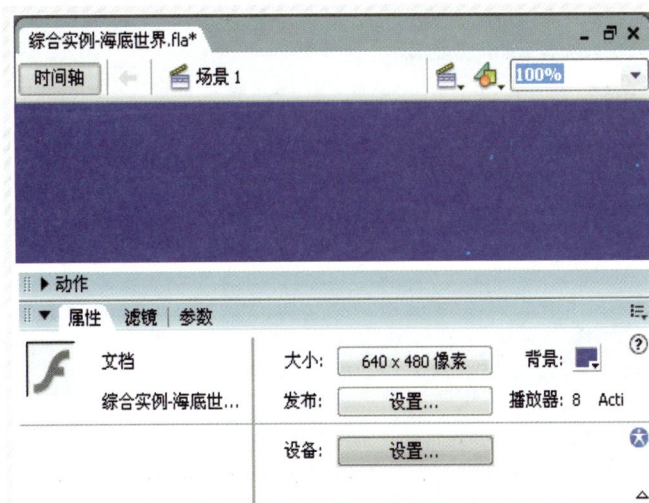

提示与说明

影片设置时可以将影片背景设置得很大，以便在制作中对照观察，等发布的时候再改到合适的大小。

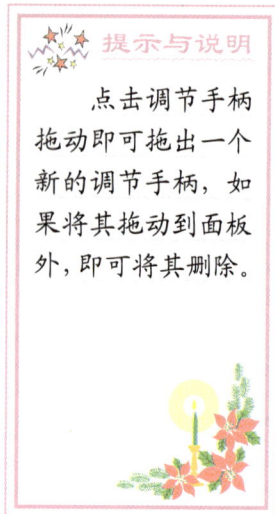

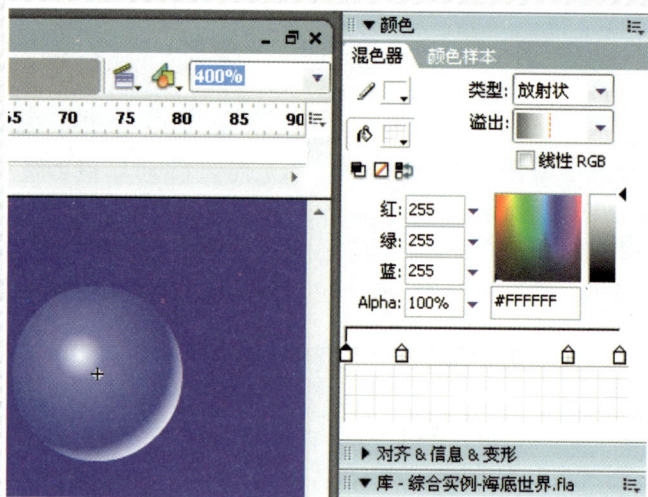

3

（一）制作水泡

1. 执行【插入】|【新建元件】命令，新建一个图形元件，命名为"单个水泡"。先在场景中画一个圆，将填充删除，设置大小为 30×30。再设置【混色器】面板的参数，4 个调节手柄全为白色，Alpha 值从左向右依次为 100%、40%、10%、100%。用"油漆筒"工具在画好的圆的中心偏左上的地方点一下，如对填充的颜色不满意，可以用"填充变形"工具进行调整。完成后如图 3 所示；

2. 执行【插入】|【新建元件】命令，新建影片剪辑，名称为"单个运动的水泡"。点击【添加引导层】按钮添加一个引导层，同时在此层中用"铅笔"工具从场景的中心向上画一条曲线，并在第 60 帧处按 F6 插入一个关键帧。在其下的被引导层的第 1 帧，从库中将"单个水泡"元件拖入，放在引导线的下端，这里要注意水泡中心点与线的端点重合；

3. 在该层第 60 帧处按 F6 插入一个关键帧，把"单个水泡"元件移到引导线的上端并且设置其 Alpha 值为 50%并创建补间动画，水泡运动就制作完成了，如图 4 所示；

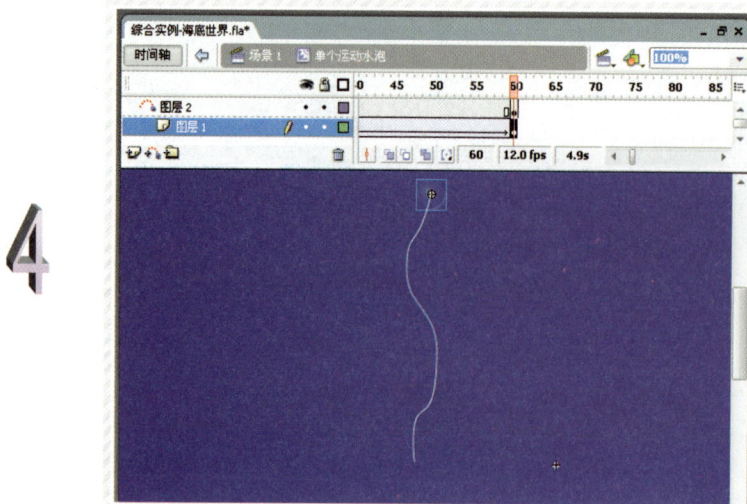

4

提示与说明

图中的水泡只是示意，读者可自行设置水泡的大小及位置，越随意最后的动画效果越逼真。

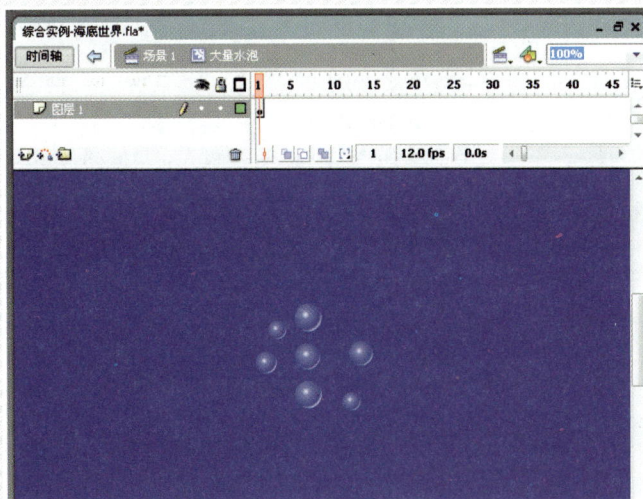

5

4. 执行【插入】|【新建元件】命令，再新建一个影片剪辑，命名为"大量水泡"。然后从库中拖入"一个水泡及引导线"元件，选中其复制，再将其粘贴几次，随意放置在场景中，并改变大小，如图5所示。

（二）制作"鱼"

首先制作一个游动的小鱼，这里主要运用形状补间动画的知识，我们在形状补间动画一节中介绍过制作鱼儿游动的详细例子。在此只简要地说明一下步骤：执行【插入】|【新建元件】命令，新建一个影片剪辑，命名为"鱼"，按【新建图层】按钮新建5个图层，自上而下分别命名为"尾巴3"、"尾巴2"、"尾巴1"、"眼睛2"、"眼睛"和"身体"，分别在每个图层的第1帧绘制鱼的各部分；然后在所有图层第7帧中按F6插入一个关键帧，将鱼身体的各部分调整位置，可以改变尾巴的摇动方向、形状等。但要注意，身体和眼睛的比例不要改动。完成后，继续在每个图层第14帧中插入关键帧，与第7帧类似，改动鱼的尾巴形状，最后在所有图层第20帧插入关键帧，在每层做形状补间动画，效果如图6所示。

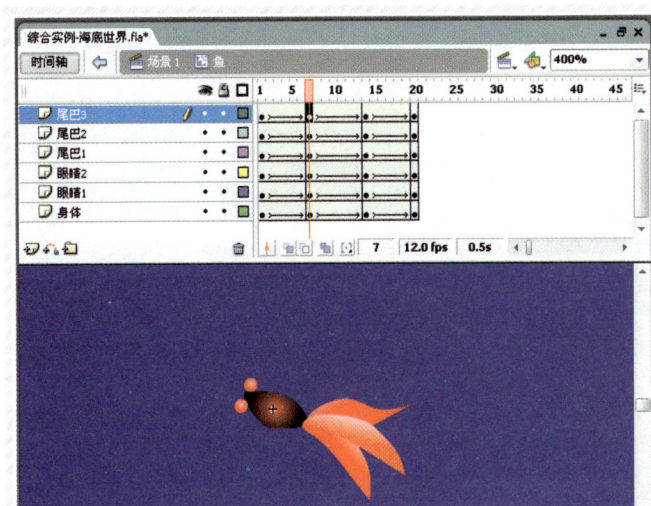

6

提示与说明

分层制作形状补间动画可以详细地描绘出物体运动的一些细节，要注意运用。

使用"箭头"工具可以调整线条光滑度

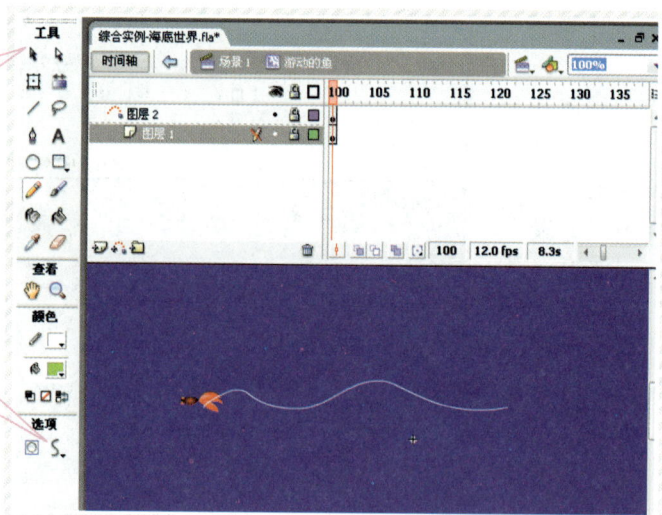

用"铅笔"工具选择平滑模式

（三）制作游动的鱼

1. 执行【插入】|【新建元件】命令，新建一个影片剪辑，命名为"游动的鱼"。此元件只有"引导层"和"被引导层"两层，点击时间轴面板上的添加引导层图标，新建引导层，也可以新建一个图层，然后在图层属性中将其设置为引导层；

2. 在"引导层"中选中第 1 帧，在场景中用"铅笔"工具画一条曲线作鱼儿游动时的路径，曲线尽量弯曲自然，绘制时在"铅笔"工具选项中选择"平滑模式"，这样制作的路径就像鱼儿真实游动的情形，效果如图 7 所示；

3. 单击选中下面图层第 1 帧，然后点击【库】面板，将刚才制作的名为"鱼"的元件拖入到场景中，按 F6 在第 100 帧插入一个关键帧，调整"鱼"的位置，使其在第 1 帧及第 100 帧中分别位于引导线的两端，调整好以后，选中所有帧，点击右键，执行【创建补间动画】，在【属性】面板上的【路径调整】、【同步】、【对齐】三项前均打勾，一个鱼游动的动画就做好了，如图 8 所示。

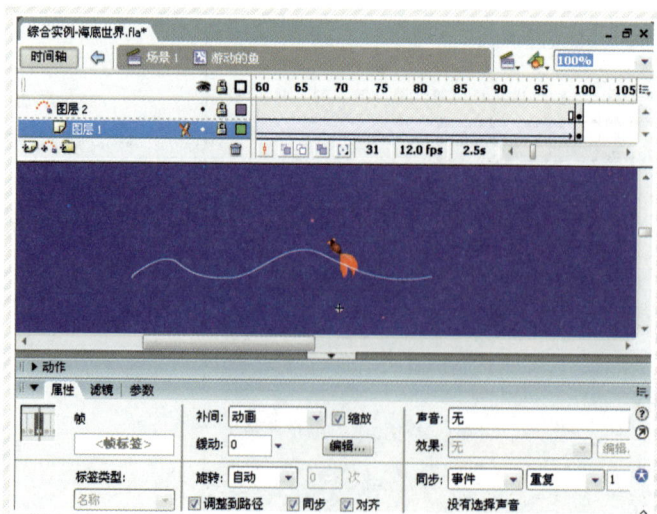

提示与说明

选中"调整到路径"选项，鱼儿游动时身体会与路径的切线平行，如果不选中，则鱼儿的身体始终是水平的。

9

（四）制作"海底"背景

　　执行【插入】|【新建元件】命令，新建一个图形元件，命名为"海底"。选择第 1 帧，然后执行【文件】|【导入到场景】命令，将一幅海底图片导入到场景中，如图 9 所示。

（五）制作遮罩元件

　　1．执行【插入】|【新建元件】命令，新建一个图形元件，名称为"遮罩"。在场景中画一个 640×4 的矩形，删除其边线，遮罩层中的图形在播放时不会显示，所以颜色任意；

　　2．复制并粘贴这个矩形，点击右键执行【粘贴到当前位置】，按键盘"↓"键，使其向下移动位置，与第 1 个矩形之间留有一定间隙，再复制并粘贴这两个矩形，再向下移一点位置，使其变为 4 个，注意矩形之间的间隙尽量相同。如此循环，直至创建出矩形组的高度大于场景的高度。为了使所有矩形对齐并且间隙一样，此时按"Ctrl+A"选中所有矩形，然后单击【对齐】面板，依次点击上面的【左对齐】和【垂直中间分布】按钮，这样矩形就分布均匀了，最终效果如图 10 所示。此方法我们在前面高级遮罩动画中也运用过。

10

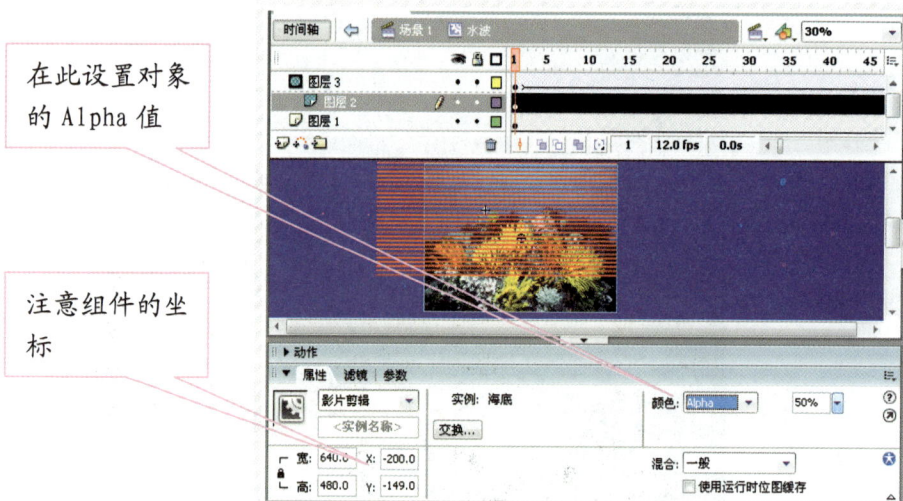

在此设置对象的 Alpha 值

注意组件的坐标

（六）创建"水波"元件

1．执行【插入】|【新建元件】命令，新建一个影片剪辑，命名为"水波"。先把最下面图层作为当前编辑图层，从库里拖入名为"海底"的图形元件，在【属性】面板上设置元件的 X 值为－200，Y 值为－150，然后选中原件，按 Ctrl+C 将其复制；

2．新建一个图层，单击该层的第 1 帧，在场景中点击右键，执行【粘贴到当前位置】。在【属性】面板上设置此元件的 X 值为－200，Y 值为－149，Alpha 值为 80％，如图 11 所示；

3．新建一个图层，在第 1 帧上拖入库中名为"遮罩"的元件，调整位置使其下边缘对齐场景的下边缘。按 F6 在第 100 帧插入一个关键帧，拖动"遮罩"调整位置，使其上边缘对齐场景的上边缘，单击右键执行【创建补间动画】，"水波"原件就制作完成了，效果如图 12 所示。

至此，我们这个动画所需的基本组件已经制作完成，接下来要做的就是在场景中把各个构件"组装"起来，组成一个完整的动画。

12

★ 提示与说明

动画的"组装"过程不是简单的机械拼凑，而是将各种元件有机地结合在一起，一个复杂动画中的元件可能会有几百个。

（七）组装动画

1．回到场景 1 中，新建 4 个图层，将图层自上往下分别命名为："遮罩层"、"鱼层"、"水泡层"和"背景层"；将"遮罩层"的属性选为"遮罩"，并且将其他几个图层拖入到其下方，作为被遮罩层。在"遮罩层"中第 1 帧绘制一个和场景一样大小的矩形；

这里为什么还要做一个遮罩层呢？因为我们定好了动画的尺寸，而这个尺寸比显示器屏幕尺寸小，如果全屏动画播放时，我们会发现小鱼有时会游动到动画场景的外面，加上遮罩就是为了避免这种现象，因为我们的遮罩刚好和场景一样大，所以场景以外的物体是不会显示的。制作好的效果如图 13 所示；

2．点击"鱼层"，从库中将"鱼"元件拖入到场景中，多拖入几次，并改变每次拖入的元件的位置、大小、角度，这样就可以模拟出鱼儿的随机游动，并将其中几条鱼置于场景外围，动画播放时，鱼儿就会从场景外游入。注意调整组件的位置、大小和角度等属性，如果设置不合适，动画会显得很机械。调整后的效果如图 14 所示；

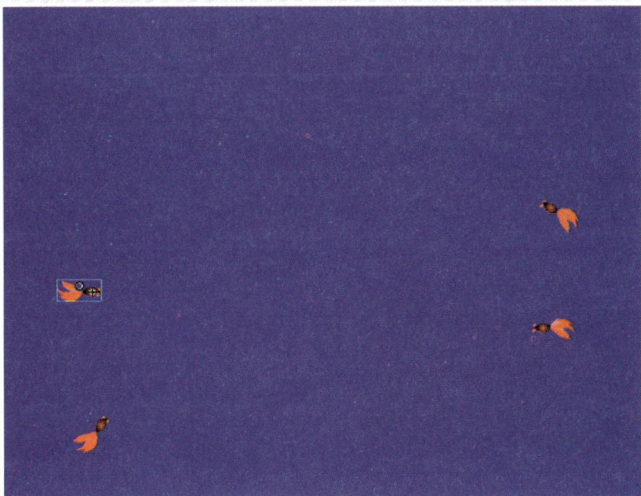

将其中一组水泡旋转 180°，增加随机效果，以避免水泡上升时左右晃动过于一致。

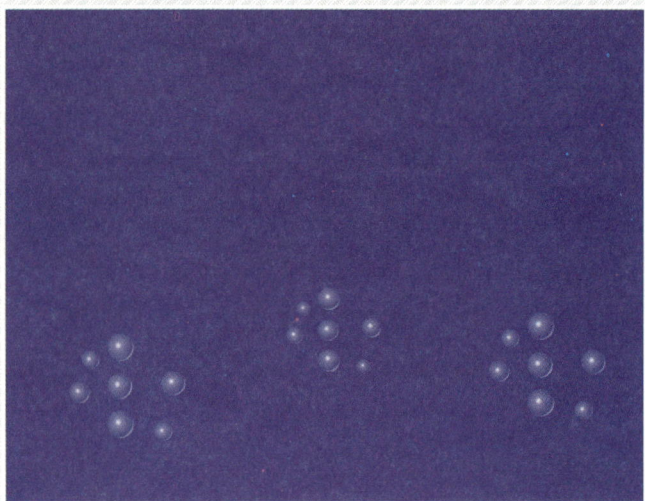

3．制作"水泡"层。点击"水泡"图层，在第 1 帧、第 60 帧各插入一个关键帧，选中第 1 帧从库中将"大量水泡"元件拖到场景中来，数目、大小、位置任意，同样在第 60 帧执行此操作，最后在第 100 帧中按 F6 插入一个关键帧，如图 15 所示；

4．制作"背景"层。点击"背景"图层，选中第 1 帧，将"水波"原件从库中拖入到场景，调整位置，使"水波"组件刚好与场景重合，如图 16 所示。按 Ctrl+Enter 发布动画，查看效果。

至此，整个动画就制作完成了，动画中我们运用了前面所学的 4 种基本动画，并且还运用了多层遮罩，而且几乎每一步都会运用到第 2 章中的知识。我们发现，复杂动画其实并不"复杂"，如果我们能熟练运用 Flash 各种基本绘制手法和基本动画制作方法，制作复杂动画其实很简单，就是将所有简单的组件组合、嵌套即可。这个例子中，动画只有一个场景，更大型的动画可能有很多场景，但每一个场景的制作方法和本例都是类似的，只是在每个场景之间制作一些过渡画面。

场景外的内容在播放时是不会显示出来的，如果组件比场景大，最好按比例缩小使其全部位于场景内。

第4章

脚本动画　高手进阶

本章要点

- ☑ 动作脚本入门
- ☑ 脚本动画——水晶时钟
- ☑ 脚本动画——水中气泡
- ☑ 脚本动画——遮罩控制
- ☑ 脚本动画——鼠标跟随
- ☑ 脚本动画——动态相册

章 首 语

　　动作脚本（Action Script）是 Flash 中提供的一种动作脚本语言，Flash 动画的各种交互功能都是通过相应的动作脚本来实现的。随着 Action Script 功能的不断增强，它已成为 Flash 8 中重要的组成部分之一，是 Flash 实现交互功能的核心。

　　在本章中，将学习动作脚本的一些基础知识，并通过实例使读者对动作脚本有一个初步的认识，读者可以学习到 Flash 脚本中随机函数的应用、鼠标跟随效果、系统函数的调用方法等知识，这些都是 Flash 脚本中的基础知识点，希望读者能熟练掌握这几类脚本动画的制作方法，为更深入的学习打好基础。

动作脚本入门

Flash 8 中动作脚本功能很强大，支持面向对象编程，类似于 Java 的编程模式，可以实现诸多复杂的功能。这一节里，我们主要面向没有编程基础的读者，介绍一些动作脚本的基础知识和最常用的功能。Flash 中添加动作脚本，一般通过位于窗口底部的【动作】面板来进行，【动作】面板如图 1 所示。

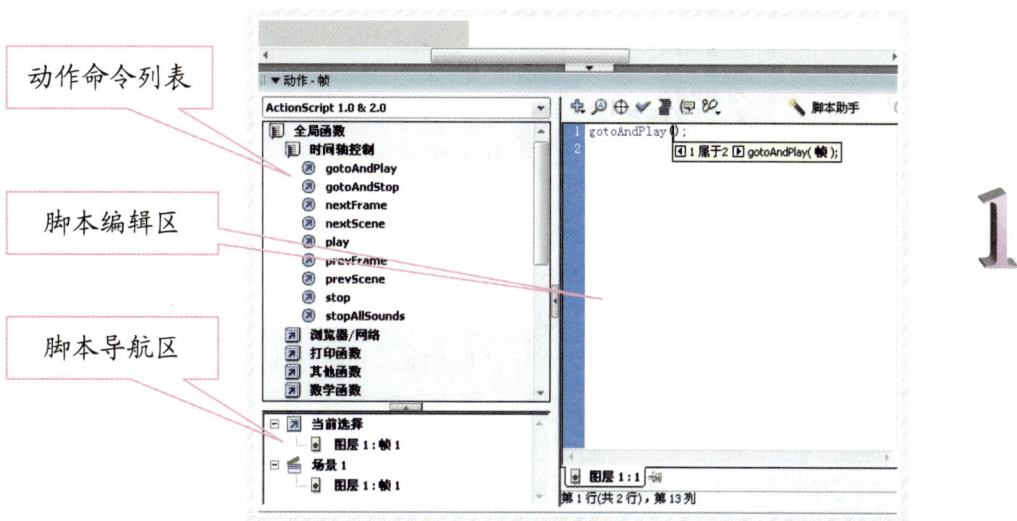

【动作】面板主要分为三部分，左上角为"动作命令列表区"，左下角为"脚本导航窗格"，右边为"脚本编辑窗格"。对于使用 Action Script 的新手，使用"脚本编辑窗格"右上角的"脚本助手"功能，就可以轻松地向 Flash 动画中添加脚本。使用该功能时，制作者只需选择填写几个变量即可，系统会自动生成代码，"脚本助手"如图 2 所示。

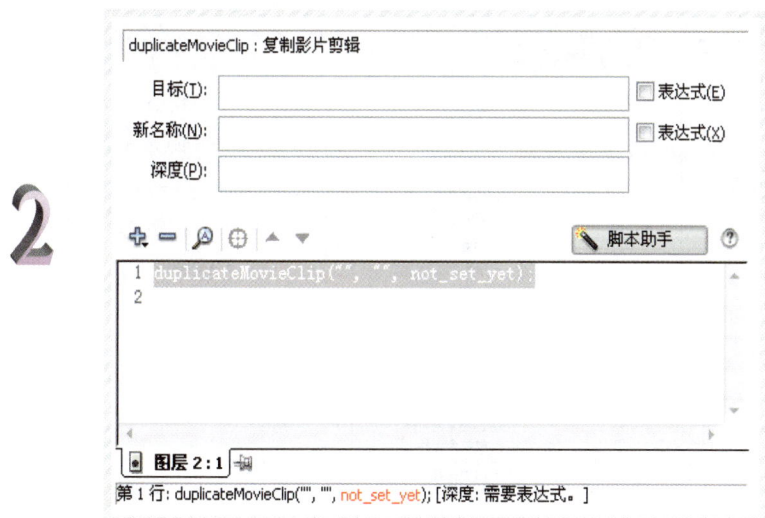

提示与说明

与"脚本助手"模式对应的是"专家模式"，在"专家模式"下，制作者有更高的自由度，可以自己编排代码。

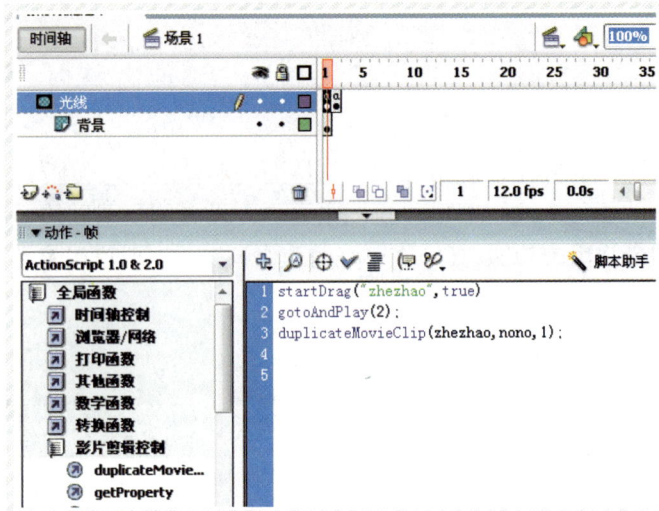

脚本添加的两种方式：

脚本分为时间轴脚本和对象脚本，两种方式的区别在于脚本的添加位置不同——时间轴脚本是直接写在帧上的，而对象脚本是附加在对象上的，如果在场景中将该对象删除，脚本也就随之删除了。添加了脚本的帧上会多出一个 α 标志，如图 3 所示，图 3 时间轴上第一层中的两帧都添加了脚本，可以看到两帧的小黑点上都多出了一个 α 标志。

如果要在对象上添加动作脚本，必须先将场景中的对象转化为"元件"，图 4 中左图为普通矩形点击右键后的菜单，右图为矩形转化成元件后点击右键后的菜单，可以看出，只有元件菜单中才有【动作】选项，点击【动作】选项后，即可打开【动作】面板，对元件添加动作。

添加了动作脚本的元件和普通元件在外观上并没有什么不同，因此，在制作此类动画时，一定要整理好组件的关系，必要时需要记录哪些组件添加过动作，尤其当动画很大时，添加的脚本也很多，这一点尤为重要，因为一句错误的脚本可能会导致整个动画无法播放。

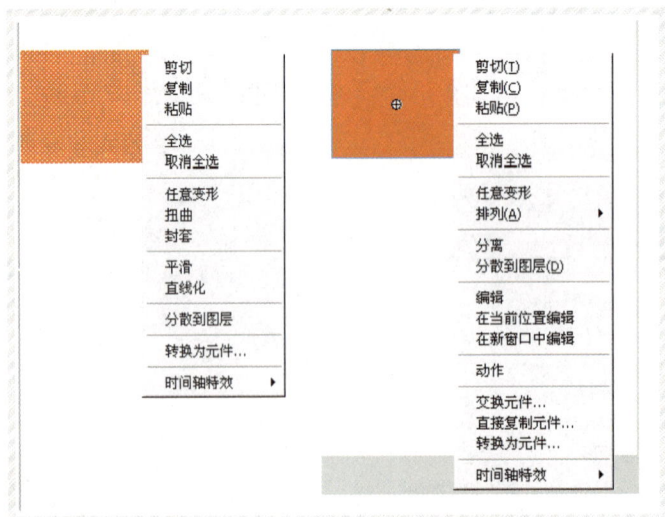

脚本动画——水晶时钟

Flash 8 中动作脚本的基本应用除了前面所提到的影片控制外，还包括鼠标特效、系统时间的获取、声音控制和随机函数的应用等，我们将通过几个例子来学习这几方面的知识。本节中将制作一个获取系统时间的例子，完成后的效果如图 1 所示。

实例：水晶时钟。

时钟的时间与真实时间相同

1. 新建 Flash 文档，设置场景大小为 550×400，背景色为黑色；

2. 执行【插入】|【新建元件】命令，新建一个"影片剪辑"，命名为"时钟"。再新建一个并命名为"时钟背景"。在库中双击"时钟背景"对其编辑。新建 6 个图层，将图层依次命名为"高光"、"白色"、"黑色"、"logo"、"bg"和"外环"，如图 2 所示；

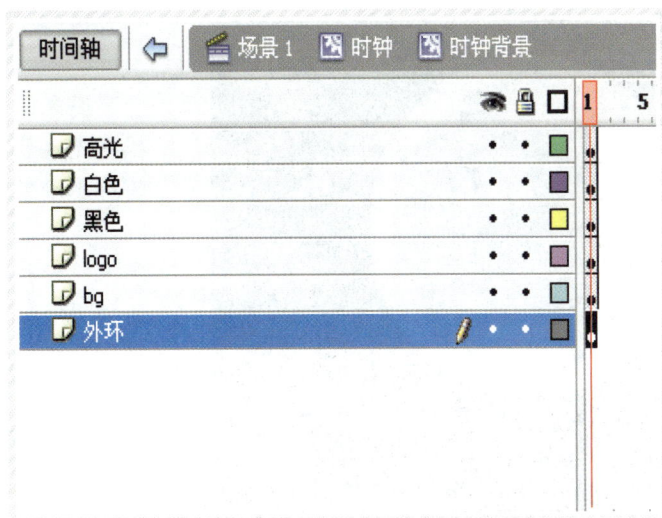

提示与说明

制作 Flash 动画时，要养成给图层命名的好习惯，在后期制作和修改时，清晰的图层名会节省大量的修改时间。

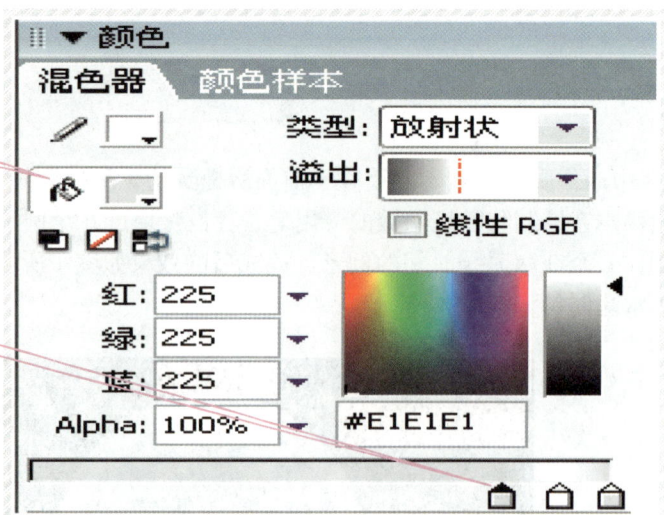

选择填充颜色

滑动色块

3

3. 绘制时钟背景：单击"外环"层第 1 帧，在场景中绘制一个圆形，并删除轮廓线，只留填充。在工作区右边打开【颜色】|【混色器】选项，然后选中圆形，并调整【混色器】中的颜色设置。选择类型为"放射状"，并在底部色块处单击鼠标左键，新增一个色块，双击色块选择颜色，三个色块颜色从左至右依次设置为：#E1E1E1、#FFFFFF、#DCDCDC，并调整色块位置如图 3 所示；

4. 绘制表盘：单击"bg"层第 1 帧，使用和上一步相同的方法，绘制一个圆形，该圆形稍小于上一步中绘制的圆形，填充色为纯色#003399；

5. 绘制高光：单击"高光"层第 1 帧，在上一步绘制的蓝色圆形左上角的位置，用"钢笔"工具勾勒出一个月牙形状。在【混色器】设置中将填充类型设置为"线性"，颜色为#FFFFFF，左右两端色块的透明度分别设置为 60%和 0%；选中"油漆桶"工具，在刚才绘制的形状上单击一下，并对比调整单击位置，使得表盘的背景有水晶质感，完成后如图 4 所示，这一步要多尝试几次，以达到最好的绘制效果；

4

⭐ **提示与说明**

高光的效果是根据光线的实际明暗对比绘制的，平时多观察，多借鉴别人的经验，绘制的图形就更有质感，更自然。

5

6．绘制表盘刻度：由于表盘刻度是一个圆周的 12 等分，因此两个刻度之间的夹角就是 30°，表盘的刻度绘制必须精确，绘制时使用"变形"工具栏中的"旋转"来精确控制刻度的位置。单击"白色"图层第 1 帧，按住 Shift 键使用"矩形"工具绘制一个水平的白色矩形条，高度为 3、宽度为 160，删除边框，将矩形的中心位置对准场景中间的"十字"标志；

7．复制绘制的矩形，单击右键，执行【粘贴到当前位置】，然后在【变形】面板"旋转"选项中输入 30；重复执行该步骤 4 次，每次输入的数值依次改为 60、90、－30、－60，这样就绘制好了一个 12 等分的表盘图形，如图 5 所示；

8．钟表的刻度是不需要中间的这些线条的，下面我们把这些线条删除：选中"椭圆"工具，按住 Shift 键盘绘制一个圆形，删除填充，将圆形的颜色改为其他颜色（不是白色就行，为了接下来删除方便），将圆形的圆心与表盘的圆心对齐，再选中圆形内部的表盘刻度将其删除，如图 6 所示。然后双击圆形将其删除，表盘刻度就制作好了；

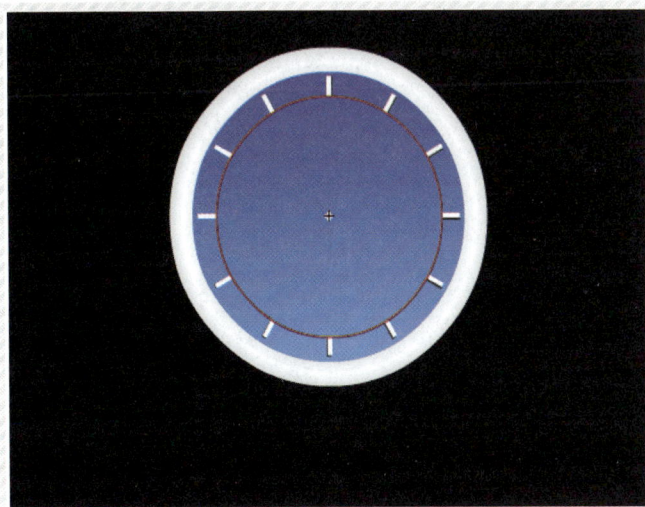

6

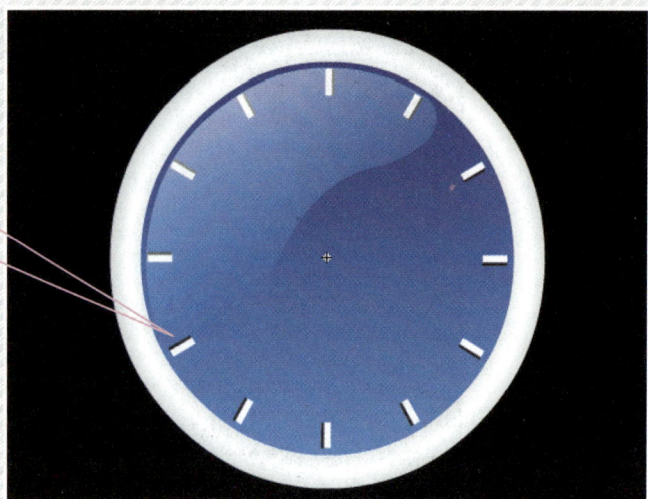

白色的刻度下有黑色阴影，富有立体感

7

9. 表盘刻度还显得有些单调，缺乏立体感，需要稍微将其修饰一下。单击"白色"图层第 1 帧，选中所有对象，按 Ctrl+C 复制，再单击"黑色"图层第 1 帧，在场景上按鼠标右键并执行【粘贴到当前位置】，将刻度颜色改为黑色，然后在【变形】面板"旋转"选项中输入 0.5，使刻度稍稍旋转一个角度，如图 7 所示。怎么样，现在表盘刻度有立体感了吧？至此时钟背景就制作完成了，下面来绘制钟表的 3 个指针；

10. 指针的绘制很简单：新建 3 个"影片剪辑"，分别命名为"hpoint"、"mpoint"和"spoint"，在库中分别双击每个影片剪辑并对其编辑。使用"铅笔"工具绘制出钟表的指针，绘制效果如图 10 中所示。读者也可以绘制自己喜欢的样式。需要注意的是：绘制时，一定要将指针的旋转中心和场景中的"＋"字标志重合，如果不这样，指针在旋转时，就会偏离时钟的中心，这显然是不对的。Flash 在做旋转动画时，对象在旋转时是以其注册点为中心旋转的，比如一根棍子，我们将其中心和端点分别作为旋转轴时旋转效果和旋转半径是完全不同的，在制作动画时应该注意到这一点；

8

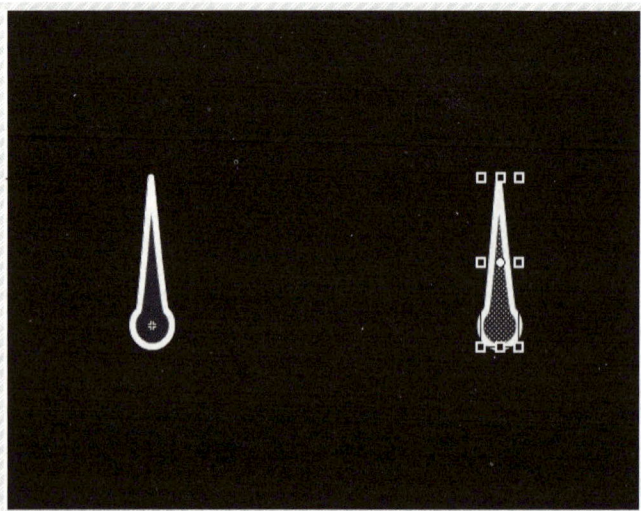

提示与说明

注意图中指针的中心和场景的"＋"字标志，左边的是正确的，右边的是错误的。小圆圈就是指针的旋转轴。

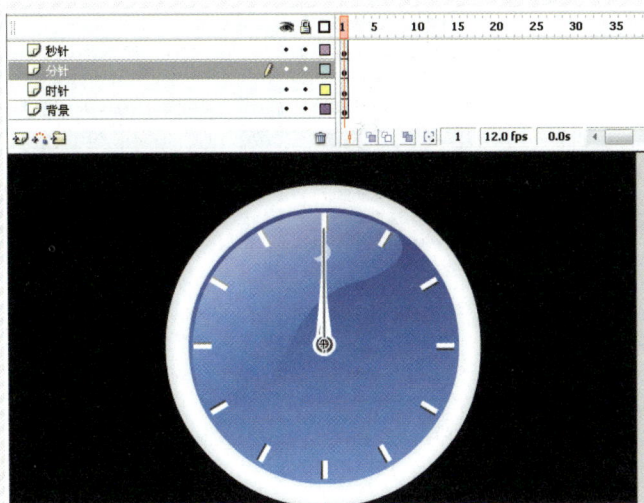

9

11．3 个指针绘制完成后，双击库中的"时钟"剪辑，对其编辑，新建 4 个图层，将图层依次命名为"秒针"、"分针"、"时针"和"背景"，然后从库中分别将"spoint"、"mpoint"、"spoint"和"时钟背景"拖入到从上到下 4 个图层中，注意将每个组件的中心和场景的中心对齐，如图 9 所示；

12．分别选中 3 个指针，在场景下方【属性】面板中的"实例名称"对话框中输入 3 个指针的名称，时针、分针、秒针的名称分别为：hz、mz、sz，如图 10 所示。注意，此名称不同于库中的"影片剪辑"的名称，这里所输入的名称实际上是脚本动画在运行时所引用的"对象"的名称，对象有了名字才能被引用。脚本就像一个发布命令的机器，控制着所有对象的动作。对象有了名称，才可以找得到，就像一个教官对某个士兵发布命令，必须先叫士兵的名字。在我们这个例子中，脚本控制着每个指针，在每一秒都发布一个命令，比如 sz 转 6 度，mz 转 0.1 度等，这样运行起来，就产生动画效果了。至此，所有的预备工作都做好了，下面我们只要写入脚本代码，发布命令控制指针的动作就可以了；

10

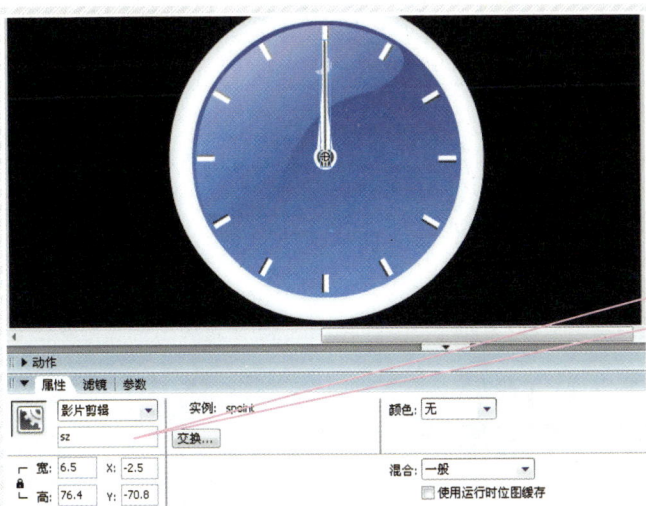

在此对话框中输入实例名称

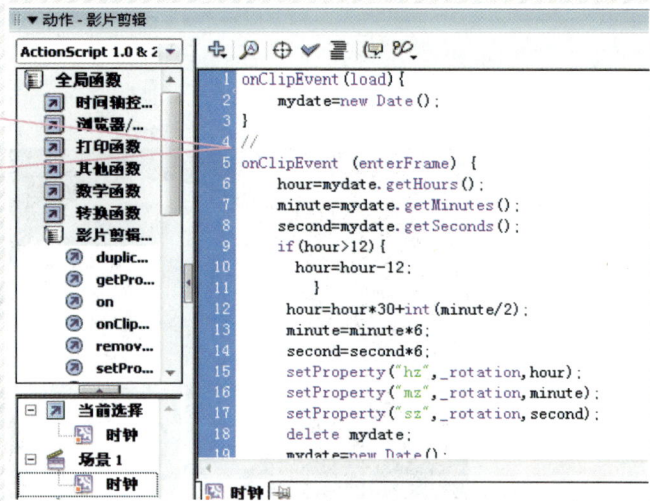

Flash 中的脚本语言语法和 C 语言类似，使用"//"可以注释语句

13．制作脚本：我们在前面提到过动作脚本有两种输入方式，一种是在时间轴上；一种是在对象上。本例中我们选用后一种方式；回到场景 1 中，将"时钟"从库中拖入到场景中，左键单击"时钟"，按 F9 打开【动作】面板，如图 11 所示，现在我们输入以下动作脚本：

```
onClipEvent(load){          //当影片读入后执行括号内的语句
    mydate=new Date();      //新建一个时间对象 mydate
}
```

14．输入时注意字母的大小写，因为 Flash 中关键字是区分大小写的。在图 11 中所显示的蓝色代码都是可以从左边的函数栏中选取的，这样就避免了输入过程中的笔误，以上面的代码为例，我们来从左边函数栏中选择输入代码：双击【全局函数】|【影片剪辑控制】，再双击"onClipEvent"，代码就输出到左边代码编辑器中了，同时还会让使用者选择函数中的参数，我们从下拉菜单中选择"load"即可。输入过程如图 12 所示；

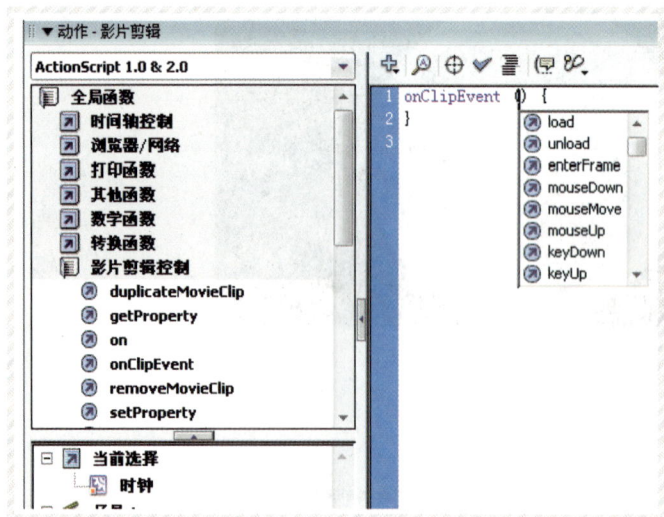

提示与说明

通过选择函数输入代码可以加快编程速度，其自带的动作代码编辑器还有语法检查、套用格式等功能。

蓝色显示的字是 AS 脚本中的关键字

绿色显示的字是字符串

```
5  onClipEvent (enterFrame) {
6      hour=mydate.getHours();
7      minute=mydate.getMinutes();
8      second=mydate.getSeconds();
9      if(hour>12){
10         hour=hour-12;
11         }
12     hour=hour*30+int(minute/2);
13     minute=minute*6;
14     second=second*6;
15     setProperty("hz",_rotation,hour);
16     setProperty("mz",_rotation,minute);
17     setProperty("sz",_rotation,second);
18     delete mydate;
19     mydate=new Date();
20 }
```

13

15．继续输入如图 13 中的代码，代码的意义如下：

第 5 行：当影片运行时，执行大括号中的代码；

第 6~8 行：分别获得系统当前的小时、分钟和秒数；

第 9~11 行：由于系统时间是 24 小时制，如果小时数大于 12，又从 1 开始计数；

第 12~14 行：计算当前时间下时针、分针和秒针从 12 点处开始应该转动的角度；

第 15~17 行：将时针、分针和秒针各自对应的元件转动到相应的角度；

第 18~19 行：删除原来创建的时间对象并新建一个，用于更新该对象。

本例中的代码并不复杂，但对于第一次接触面向对象编程的读者来说可能比较抽象，代码中的第 12~14 行是计算指针角度的，会用到一些简单的数学知识。在此解释一下：以秒针为例，秒针 1 分钟会转一圈也就是 360°，那么 1 秒就会转过 360°÷60=6°，所以假设如果当前是 21 秒的话，秒针角度就是 21×6°=126°，请读者参考代码理解。

制作完成后如图 14 所示，最后按 Ctrl+Enter 测试，一个漂亮的时钟就制作好了。

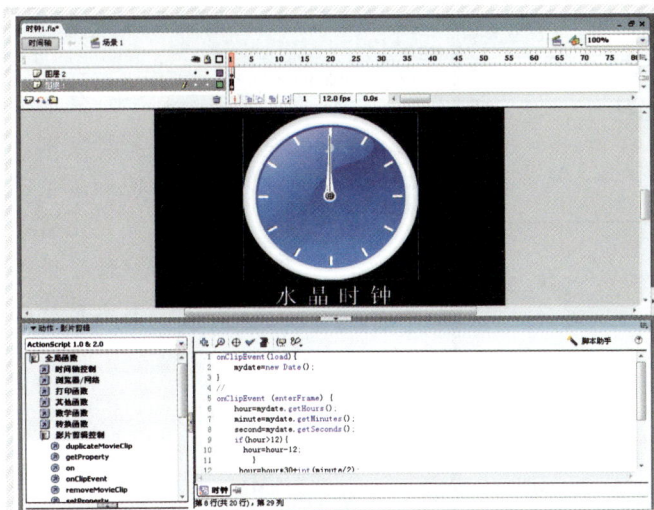

14

提示与说明

本例介绍了 Flash 时钟的基本原理，有兴趣的读者可以自己修改钟表的背景和指针，打造一个属于自己的个性钟表。

脚本动画——水中气泡

在本节中，我们将通过制作水中随机浮动的气泡效果来讲述随机动画制作的一般方法。大家可能还记得我们在前面"海底世界"的例子中曾用引导层动画的手法做过一个气泡动画，但那个效果制作很烦琐，并且气泡的运动也比较机械死板，现在我们就用脚本的方法做一个更自然、更逼真的气泡运动动画。

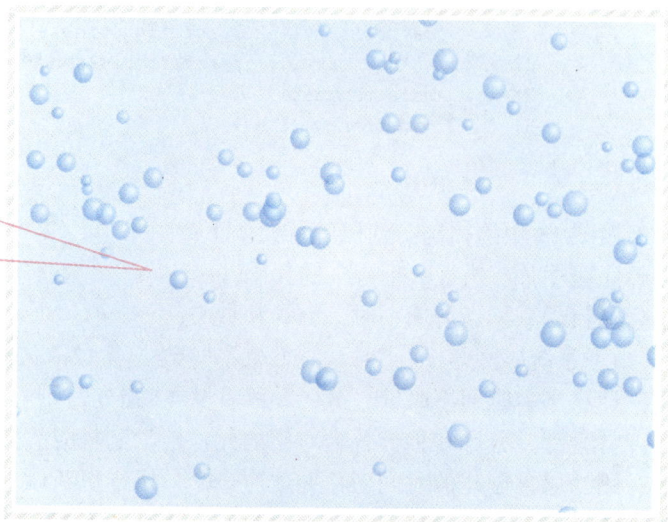

每个气泡的运动路径都不一样，完全是随机的

动画的效果如图 1 所示。这个动画的绘制部分很简单，就是绘制一个小水泡，主要的控制都在脚本上。首先新建一个空白 Flash 文档。

1．执行【插入】|【新建元件】新建一个"影片剪辑"，命名为"水泡"，选中第 1 帧，使用"椭圆"工具绘制一个圆形，并删除边框，改变填充类型为放射状，如图 2 所示；

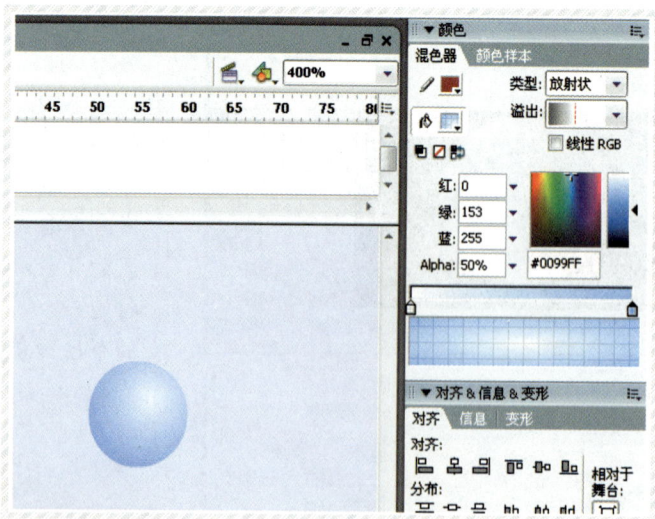

提示与说明

　　使用脚本可以轻松复制出大量气泡而且可以随意控制，比引导层动画方便了很多，而且效果更好。

　　2. 单击【场景1】按钮回到场景1中，将"水泡"从库中拖入到场景中，并在【属性】面板"对象名称"中将其命名为h2o，操作如图3所示。然后右键单击"水泡"选择【动作】，打开【动作】面板，输入如图4中的代码。代码意义如下：

　　第1行：在上面例子有类似的语句，意思是当动画读入运行后，执行大括号里的语句；

　　第2行：设置水泡的运动速度是3~8，随机函数的取值是0~5，加上3，speed的取值范围就是3~8，这样水泡在运动过程中速度便不一样了；

　　第5~6行：　this指的就是场景中的h2o，因为我们是在对象上加的代码，所以这里this就指的是对象本身；this._y指该对象的y轴坐标，这一行语句的意思是：水泡的纵坐标不断减小，每次随机减小3~8，由于Flash中坐标原点在场景左上角，所以纵坐标减小，水泡就向上移动；this._x是控制水泡的水平运动，使其在±3的范围内来回摆动；

　　第7~8行：是判断和保护控制，当水泡的纵坐标小于－15时，水泡已经运动到场景外了，这时我们需要将其再移回场景中，并且移回的位置是随机的；

```
1  onClipEvent (load) {
2      speed = random(5)+3;
3  }
4  onClipEvent (enterFrame) {
5      this._y -= speed;
6      this._x += random(3)-random(3);
7      if (this._y<-15) {
8          this._y = random(100)+315;
9      }
10 }
11
```

```
1   i = 1;
2   while (i<=100) {
3       duplicateMovieClip("h2o", "h2o"+i, i);
4       setProperty("h2o"+i, _x, random(550));
5       setProperty("h2o"+i, _y, random(100)+300);
6       setProperty("h2o"+i, _xscale, random(60)+40);
7       setProperty("h2o"+i, _yscale, getProperty(eval("h2o"+i), _xscale));
8       setProperty("h2o"+i, _alpha, random(30)+70);
9       i++;
10  }
11  _root.h2o._visible = 0;
12
```

图层 1 : 2

5

3. 单击时间轴第 1 帧，同时打开【动作】面板，在编辑器中输入如图 5 所示的代码：

第 1 行：定义一个变量 i，代表水泡的数量；

第 2~10 行：复制 100 个水泡，读者可以改变此数值观察水泡数量变化的效果；

第 3 行：影片剪辑复制函数，该函数可以将影片剪辑复制，括号中参数的意义分别为被复制的对象名、新对象名、新对象层数；

第 4~5 行：设置复制出的水泡的 x、y 坐标；

第 6~7 行：将新复制出的水泡缩小，缩小比例在 40%~100% 之间；

第 8 行：设置复制出的水泡的透明度 Alpha 值，范围在 70~100，水泡的透明度不一样，就显得有层次感；

第 11 行 将主场景中刚才拖入的那个水泡设置为隐藏，使其不可见。

至此，"水中气泡"这个动画就制作完成了。最后，我们给代码加上注释，如图 6 所示。读者可以改动代码中的数值观察会产生什么效果，以便更深入地了解这些数值的作用。

6

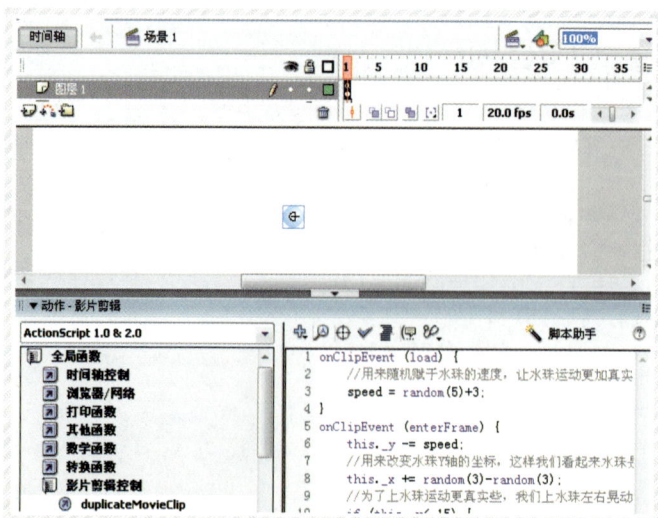

在第 3 章时曾学习了遮罩动画的制作方法，但是所有的遮罩制作好以后就按原来设定好的方式运动，在动画播放的时候，动画的观看者是无法改变遮罩动画的运动方式的。这一节里，我们将要制作一个跟随鼠标移动的遮罩，在动画播放时，遮罩会随着观看者的鼠标移动而移动。动画的效果如图 1 所示。

遮罩层跟随鼠标移动，同时本身也在旋转

1. 新建 Flash 文档，设置场景大小为 550×400，背景颜色为黑色；

2. 执行【插入】|【新建元件】命令或按 Ctrl+F8 新建一个影片剪辑，将其命名为"背景"，然后按【确定】按钮；编辑"背景"剪辑，执行【文件】|【导入】|【导入到舞台】，将事先准备好的大小为 550×400 的背景图片导入到场景中，导入图片后如图 2 所示；

提示与说明

选择背景图片时，其主色调要和动画背景色基本吻合，这样动画的色彩就比较一致。

如何 用电脑制作 Flash 动画

3

下面为制作遮罩过程。

3. 完成背景的制作后，按"场景1"按钮回到场景中，再执行【插入】|【新建元件】命令，新建一个名为"遮罩"的影片剪辑，然后按【确定】按钮；

4. 在【库】面板中双击"遮罩"影片剪辑进入其编辑窗口，使用"椭圆"工具，按住Shift键在场景上绘制一个140×140的圆形，然后再绘制一个70×70的小圆形，并复制多个，调整位置使其环绕在大圆周围，圆形颜色任意，绘制完成后如图3所示；

5. 单击第1帧，选中场景中的所有圆，按F8将所有圆转化为一个影片剪辑，然后在第30帧按F6插入一个关键帧，并在【变形】面板中设置旋转角度为－50°，然后选中所有帧，按鼠标右键，执行【创建补间动画】生成动画。同时在【属性】面板中修改设置——"补间"：动画；"缓动"：30；"旋转"：自动。设置完成后如图4所示；

这里我们所做的这个遮罩属于上一章所讲述的复杂遮罩的一种，读者可以对照上一章中的内容加深认识。下面进行脚本的制作。

4

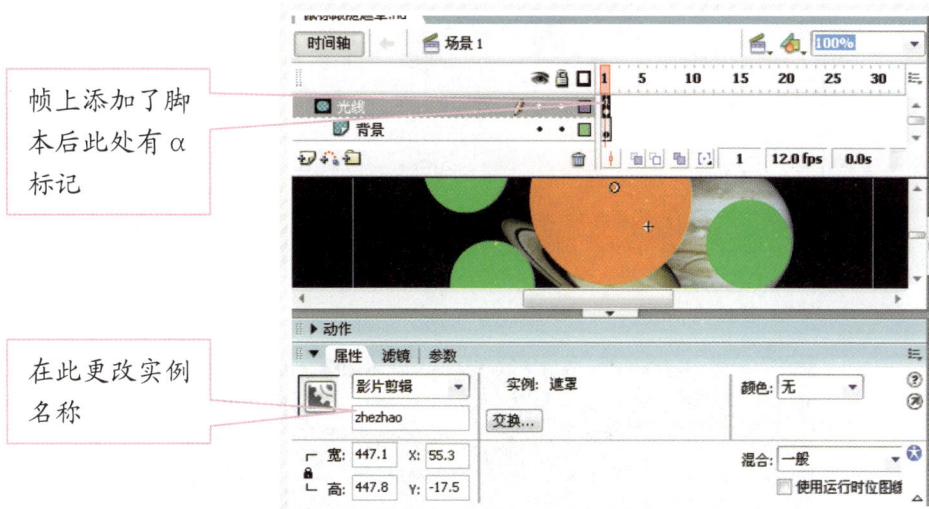

帧上添加了脚本后此处有 α 标记

在此更改实例名称

下面为剪辑添加脚本。

6. 回到场景 1 中，新建一个图层并选中第 1 帧，从库中将"遮罩"剪辑拖入到场景中，并在【属性】|【实例名称】对话框中填入名称：zhezhao，如图 5。注意此处只能填英文名，按 F9 打开【动作】面板，输入下面的脚本：

startDrag("zhezhao",true);

该命令的意思就是当影片运行时，将影片剪辑"zhezhao"锁定在鼠标中央，并跟随鼠标移动。注意这里的"zhezhao"这个名称，这就是我们所要拖动的对象的名称，如果前面我们将"遮罩"剪辑命名为别的名称，此处就需要将其改成相应的名称。利用"脚本助手"输入完脚本后的【动作】面板如图 6 所示；

7. 选中"遮罩"元件所在的图层，按鼠标右键，点选【遮罩层】，将该层设置为遮罩，动画就制作完成了。按 Ctrl+Enter 发布测试动画，可以发现，动画中的遮罩不仅自己在做旋转动画，并且随着鼠标而移动。

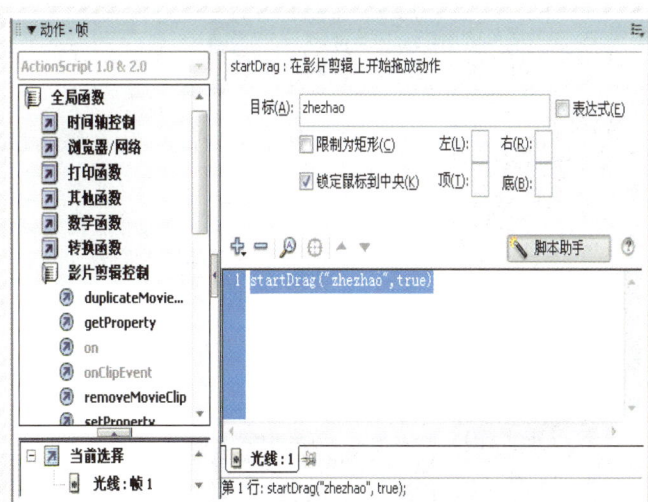

提示与说明

初学者利用"脚本助手"功能可以更好地理解脚本中每一句话的意思及其在动画中的作用。

脚本动画——鼠标跟随

鼠标跟随是 Flash 脚本动画中常见的一种，其效果是当鼠标移动时，会有动态的图形跟随在鼠标之后，并逐渐消失。在 Flash 中，鼠标的跟随的制作方法有很多种，本节介绍一种可以有动感变化方式的鼠标跟随，制作出的跟随鼠标而动的物体非常具有动感，其效果如图 1 所示。

移动鼠标时小球会不断地产生，出现在鼠标下。不断地移动鼠标，小球就不断地产生

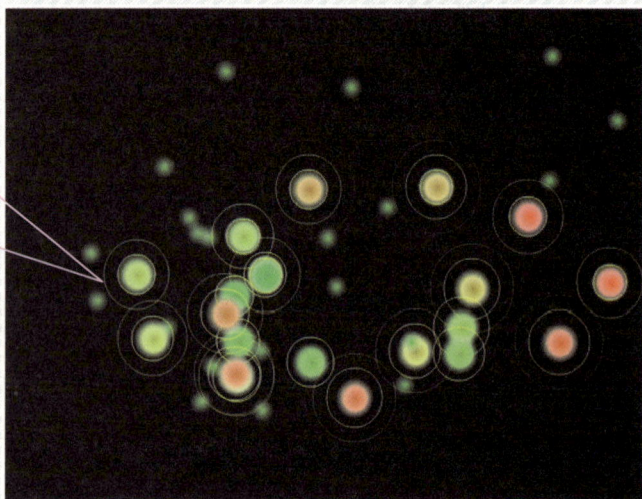

鼠标跟随动画的原理是首先制作一个闪动的元件，然后利用脚本复制出大量元件并跟随鼠标移动。下面先来制作闪动元件。

1. 新建一个 Flash 文档，设置场景大小为 550×400，背景色为黑色；
2. 在场景中绘制一个如图 2 所示的小球，大小为 100×100，将【混色器】填充值设置

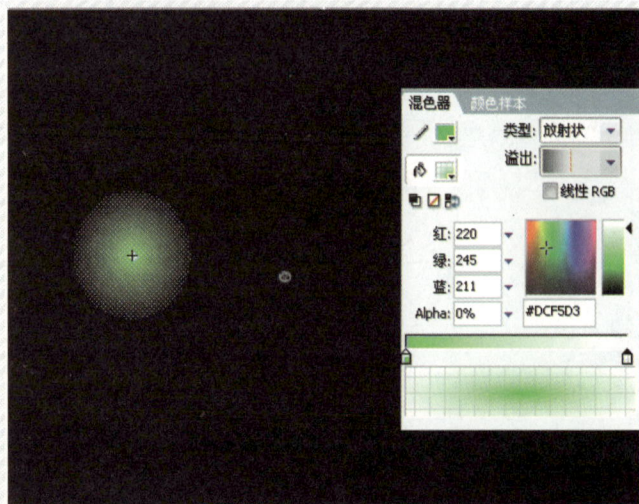

提示与说明

填充类图形的混色效果在 Flash 动画制作中经常用到，读者要熟练掌握各种混色效果的制作方法。

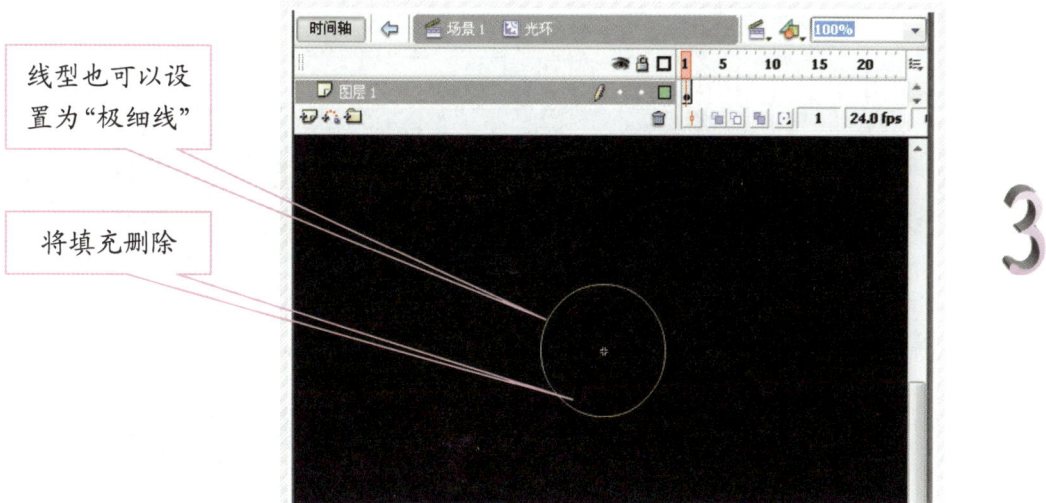

线型也可以设置为"极细线"

将填充删除

3

为放射状，左右色块的颜色和透明度分别为：#4FA628、100%，#DCF5D3、0%。然后选中小球按F8将其转化为元件，并将其从场景中删除；

3．执行【插入】|【新建元件】命令两次，新建两个影片剪辑，分别命名为"光环1"、"光环2"并对其编辑。分别在两个剪辑场景中各绘制一个100×100圆环，颜色为金黄色，线条粗细为1，如图3所示；

4．执行【插入】|【新建元件】命令，新建一个影片剪辑，命名为"动感小球"并对其编辑，将"图层1"更名为"发光体"，新建3个图层，从上至下依次命名为"光环3"、"光环2"和"光环1"；

5．在"发光体"图层中，绘制一个类似于第2步中所绘制的放射状圆球，大小为80×80，颜色设置为绿色渐变，在第10、20、30、40帧中分别插入一个关键帧，然后修改第10帧的小球颜色为黄色渐变，第20帧的小球颜色为红色渐变，第30帧为紫色渐变，绘制的效果如图4所示。绘制完成后，在"属性"中选择"补间"方式为形状，生成形状动画；

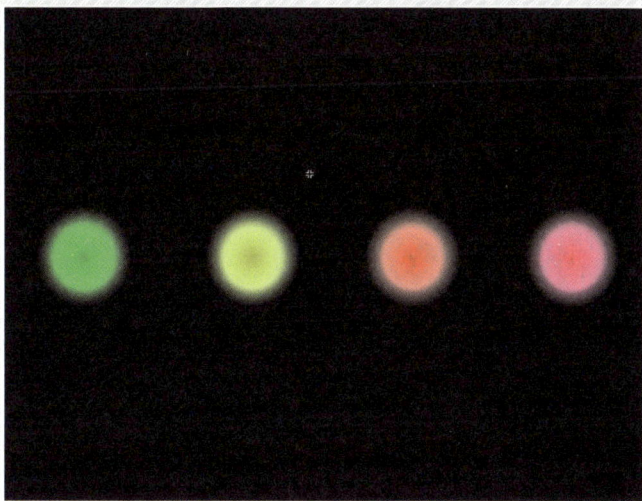

4

提示与说明

图中的4个小球从左至右依次为第10、20、30、40帧中小球的颜色设置效果。

第 17~20 帧为空白帧，没有内容

光环逐渐变大并消失

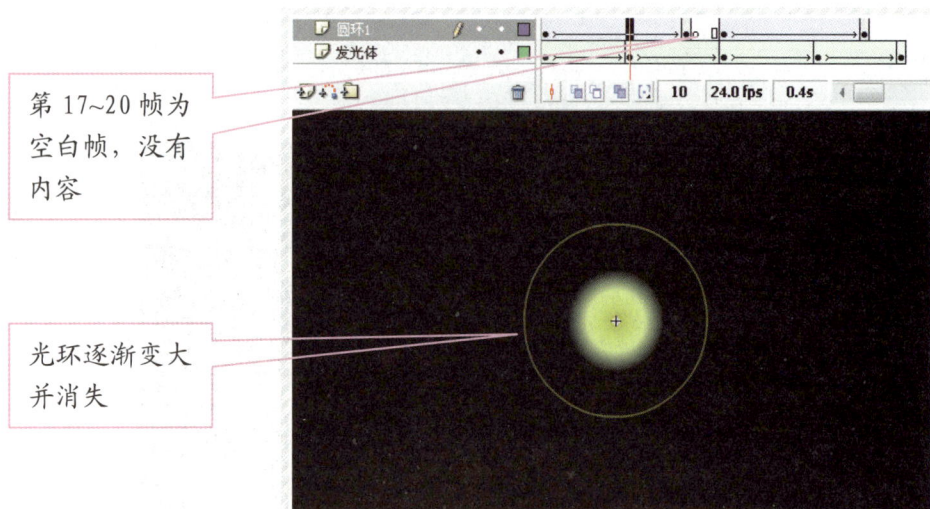

6. 从库中将刚才制作的"光环"元件拖入到"光环 1"图层中，对齐位置并修改大小，使其正好环绕在发光体的外侧。在第 16 帧按 F6 插入关键帧，并在【变形】面板中设置放大倍率为 200%。选中第 1~16 帧，按右键并执行【创建补间动画】，生成圆环变大并消失的动画效果，在第 17 和 20 帧继续插入关键帧，并删除帧内的所有元件，此时将第 1~16 帧全部选中并"复制帧"。然后，在第 20 帧处单击右键，执行"粘贴帧"。完成后时间轴如图 5 所示；

7. 类似于第 6 步的制作过程，选中"圆环 2"图层，在第 7 帧插入一个关键帧，并将图层"圆环 1"中第 1~16 帧复制并粘贴到该帧，在第 24 帧再插入一个关键帧并将帧内所有元件删除，再将图层"圆环 1"中第 1~16 帧粘贴到此；

8. 选中"圆环 3"图层，在第 13 帧插入一个关键帧，同样将图层"圆环 1"中第 1~16 帧粘贴到该帧，至此光环部分就制作完成了，如图 6 所示。之所以将同样的动画效果分层并且间隔几帧排列，是为了实现发光体的动感效果；

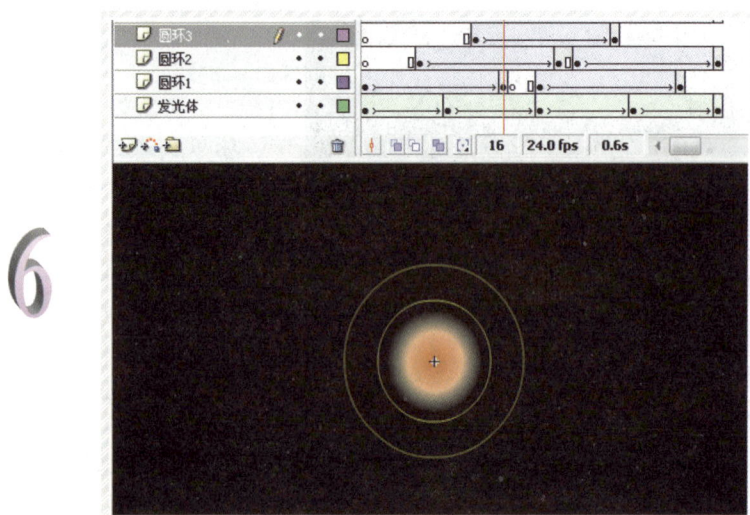

提示与说明

将"光环"按照一定规律错列开来进行动画演示，动感效果非常强烈，读者可以测试一下效果并调整搭配方式。

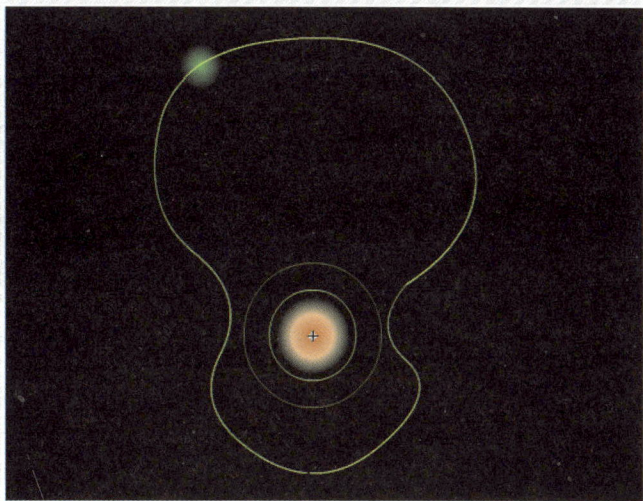

　　9. 发光体的效果已经基本完成了，下面来制作一个绕发光体旋转的小球。继续在"发光体"元件中新建两个图层，同时，将最上面的图层属性设置为"引导层"。在引导层中使用"铅笔"工具绘制一条如图 7 所示的引导路径，如果绘制的路径不光滑，可以使用"箭头"工具做适当调整，路径的开口在最下端；

　　10. 将被引导层的名称更改为"小球"，并从库中将最初制作好的"小球"元件拖入到场景中，与引导路径的一个端点对齐。在第 39 帧按 F6 插入一个关键帧，并拖动"小球"，与引导路径的另一个端点对齐，最后在该层生成动作补间动画；

　　至此"发光体"的制作就全部完成了，其动画效果如图 8 所示，接下来要做的就是在主场景中添加脚本，复制出更多的"发光体"并使其跟随鼠标移动；

　　11. 单击时间轴上方的"场景 1"按钮回到场景 1 中，将图层 1 命名为"发光体层"，并按【插入图层】按钮新建一个图层，将新图层命名为"脚本层"，这个动画的脚本将全部在这一层里添加；

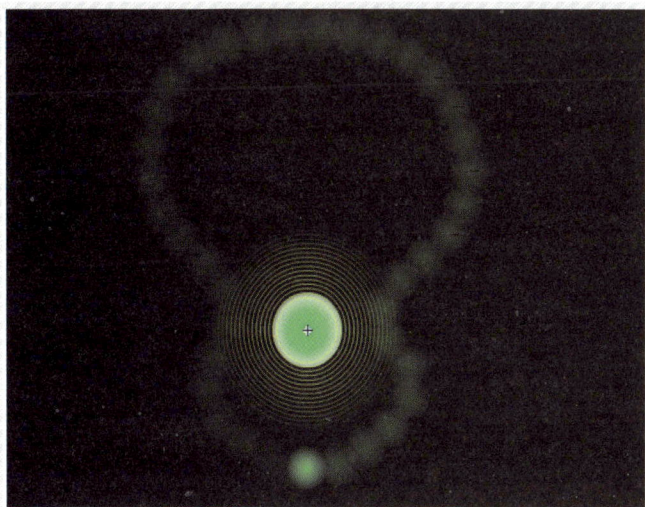

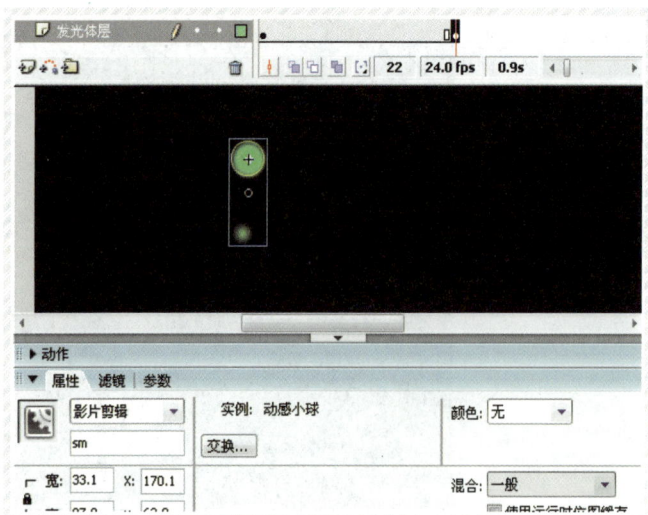

12. 先选中"发光体层"，从库中将"发光体"元件拖入到场景中，同时在【属性】面板|【实例名称】对话框中填入一个实例名"sm"，如图 9 所示，并在第 22 帧插入一个关键帧；

13. 点击"脚本层"第 1 帧，不断按 F6 键插入关键帧，将前 22 帧全部变为关键帧。由于这些帧中都没有内容，因此是空白关键帧，我们只在这些帧中添加代码，这样调试修改起来就很方便，在各个帧中输入如图 10 中所示的代码。代码的意义如下：

startDrag(sm,true)："sm"开始跟随鼠标移动，并且其中心对准鼠标的中心；

fscommand("showmenu","false")：这是一个系统命令，作用是当动画播放时不显示菜单；

duplicateMovieClip(sm,sm1,1)：这一句是代码的核心，通过这个命令复制"发光体"，从第 2~21 帧共复制 20 个出来，动画不断播放，语句就不断执行，不断地复制出新元件；

gotoAndPlay(1)：回到第 1 帧从第 1 帧继续播放动画，这句代码使得动画不断的播放。

至此，整个鼠标跟随效果就全部完成了，按 Ctrl+Enter 测试一下，效果不错吧？

```
第 1 帧：
startDrag(sm,true);
fscommand("showmenu","false");
第 2~21 帧：
  2 帧：duplicateMovieClip(sm,sm1,1);
……
//此处省略了部分代码，第 2~21 帧中每一帧输入一行，
同时将数字部分加 1 即可
  21 帧：duplicateMovieClip(sm,sm20,20);
第 22 帧：
gotoAndPlay(1);
```

我们经常可以在网上看到各种各样的电子相册，将数码照片保存并分类显示出来。本节，我们就利用 Flash 的脚本功能来制作一个简单的动态相册。通过这一节的学习，我们将了解到在 Flash 中怎样读取并显示外部图片以及鼠标行为脚本。以前我们动画中的图片都是通过【导入】命令添加的，而在这个例子中是直接从外部读入的。

图片可以随意拖动，被点击到的图片会显示在最上层

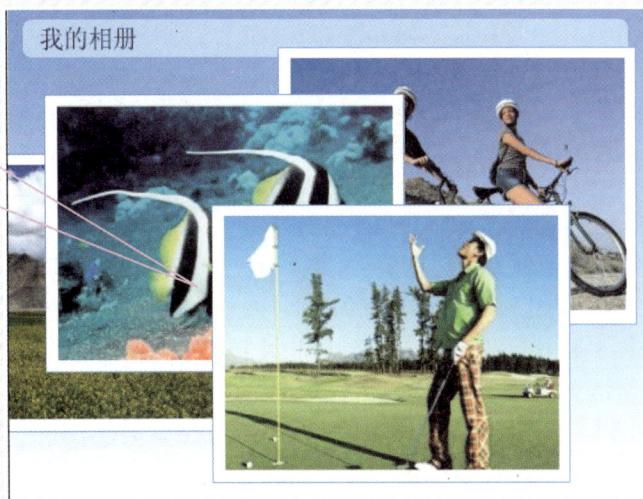

1

动态相册的效果如图 1 所示，相册中的图片可以随意拖动。当点击某一幅图片时，此图片会显示在最上层。下面我们就开始制作。

1. 新建 Flash 文档，设置场景大小为 550×400，背景色为白色；

2. 新建一个影片剪辑"相片区"，并在场景中绘制一个 288×209 的矩形，如图 2 所示；

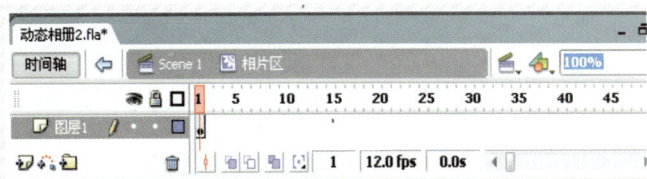

2

将"相片区"对齐到边框中央

在此修改实例名称

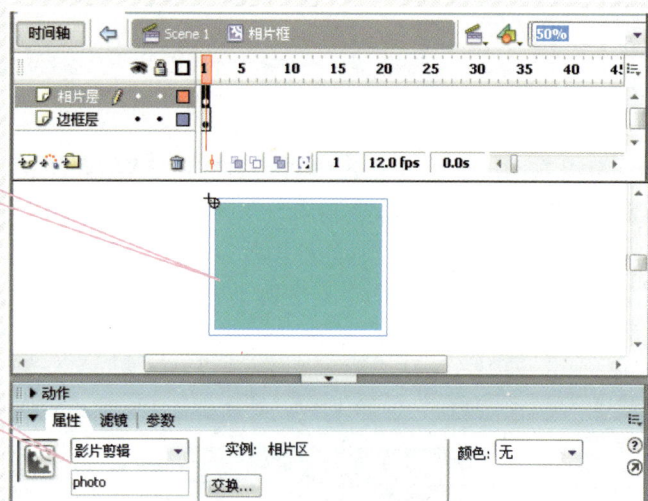

3

3. 执行【插入】|【新建元件】命令继续新建一个影片剪辑，命名为"相片框"，编辑该剪辑，将"图层1"更名为"边框层"，并新建一个图层命名为"相片层"。在"边框层"中绘制一个310×225的矩形。矩形设置如下：边线粗细为1，颜色为#0099FF，填充色为白色。然后从库中将"相片区"元件拖入到"相片层"中，调整位置使其位于下层绘制的矩形中央，并在【属性】面板中修改"实例名称"为：photo，如图3所示；

4. 按时间轴上方的"场景1"按钮返回到场景1中，将"图层1"更名为"背景"，在背景层中绘制一个蓝色线性渐变的矩形作为动态相册的背景；

5. 按【插入图层】按钮新建一个图层，命名为"相册标题"。选择"矩形"工具，在"选项"中将"圆角"设置为10，然后在场景中绘制一个520×30的圆角矩形，删除边框，填充色改为白色，并在【混色器】面板中将填充透明度改为50%。然后选择"文本"工具，在场景中拖出一个文字框并在其中输入文字："我的相册"，文字大小为22，颜色为黑色。完成后效果如图4所示；

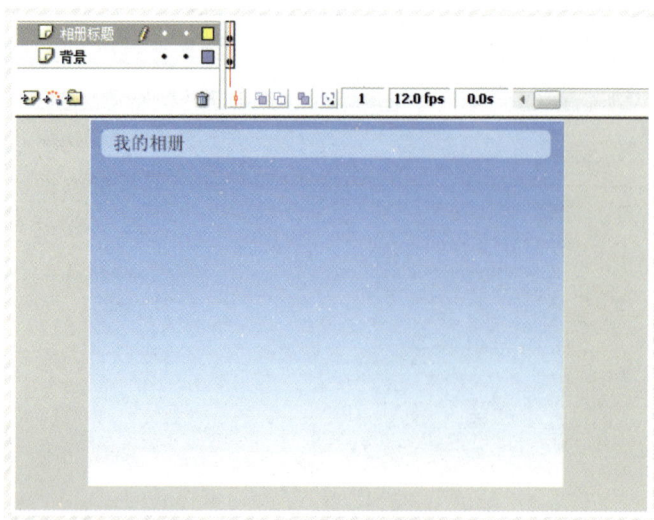

4

提示与说明

也可以导入一幅类似于相框的图片作为背景，那样效果就更逼真了。

"相片框"的排列顺序可以随意,因为在动画播放时相片的位置是由用户鼠标控制的,此时的位置只是在动画初始化时起作用。

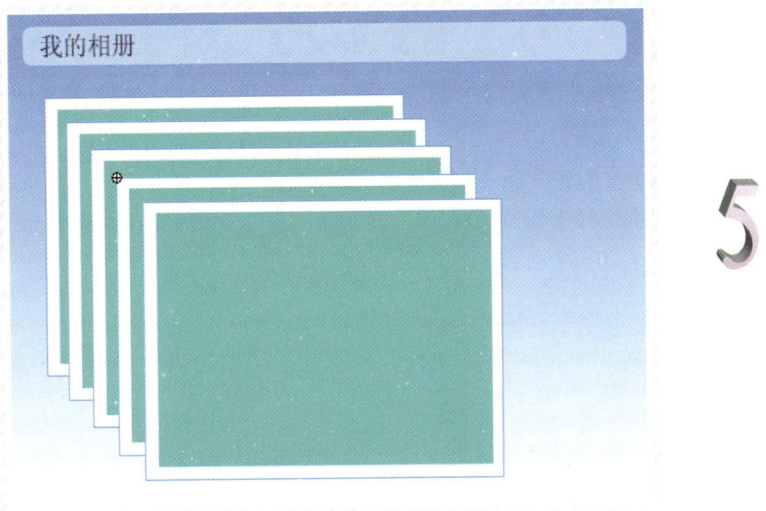

6. 继续在场景 1 中新建一个图层并命名为"相片",从库中将"相片框"元件拖入到该层中,拖入 5 次,并分别将 5 个"相片框"的实例名称修改为:photo1、photo2、photo3、Photo4 和 photo5,然后将 5 个实例排列好,如图 5 所示。注意此处的实例名称不能随便更改,如果读者自己定义实例名称,在脚本代码中也要做相应修改。

至此,绘制部分的工作就完成了,接下来就要编写脚本和设置外部图片;

7. 新建一个图层命名为"脚本",选中第 1 帧,按 F9 打开【动作】面板,在其中输入如图 6 中所示的代码,5 行代码是类似的,目的是分别读入 5 幅图片。我们以第一句 this.photo1.photo.loadMovie("image1.jpg")为例来解释代码的意思。

代码中的"."是 Flash 中一个重要的语法,意思可以理解为"的",this 指当前的影片剪辑,也就是"场景1",photo1 即为刚才拖入的"相片框"中的一个,loadMovie("image1.jpg") 是这段代码的核心,意思是读入名为"image1.jpg"的图片到 photo 中。整段代码的意思就是:读入图片 image1 到当前场景 photo1 实例的 photo 中;

```
1
2
3  //加载图形
4  this.photo1.photo.loadMovie("image1.jpg");
5
6  this.photo2.photo.loadMovie("image2.jpg");
7
8  this.photo3.photo.loadMovie("image3.jpg");
9
10 this.photo4.photo.loadMovie("image4.jpg");
11
12 this.photo5.photo.loadMovie("image5.jpg");
13
14
```

脚本助手

脚本:1

提示与说明

括号中为文件名,如果 Flash 文件和图片在同一文件夹中,则可以省略图片路径,只输入文件名即可。本例即是如此。

startDrag ( )和 stopDrag() 函数在前面的例子中曾经提到，用于控制元件实例的拖动。

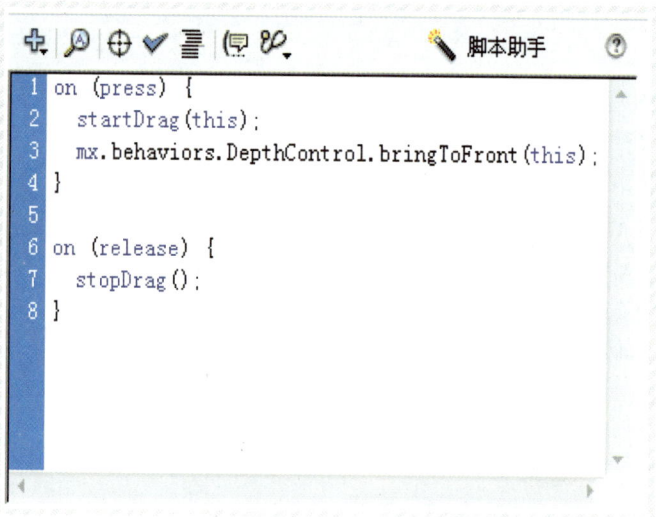

```
1  on (press) {
2    startDrag(this);
3    mx.behaviors.DepthControl.bringToFront(this);
4  }
5
6  on (release) {
7    stopDrag();
8  }
```

8．左键单击一个"相片框"实例，按 F9 打开【动作】面板输入如图 7 中所示的代码，五个实例每个都要输入一次，此段代码是控制图片读入后的显示和鼠标拖动的，意义解释如下：on (press) {   //当鼠标左键按下时执行大括号中的代码

　　　startDrag(this);   //开始拖动鼠标左键单击的对象

　　　mx.behaviors.DepthControl.bringToFront(this); }   //由于动画中的图片一开始是相互重叠的，上层的图片会遮挡到下层的，这句代码的作用就是将鼠标点击到的图片显示到最上层，从而不会被其他图片所遮挡

　　　on (release) {   //这两句的意思是当鼠标左键松开时便停止拖动对象

　　　stopDrag();

　　　}

9．至此，整个动画就制作完成了，但是如果此时按 Ctrl+Enter 发布测试，会发现如图 8 中所示的错误提示，原来图片还未和 Flash 动画文件位于同一目录下；

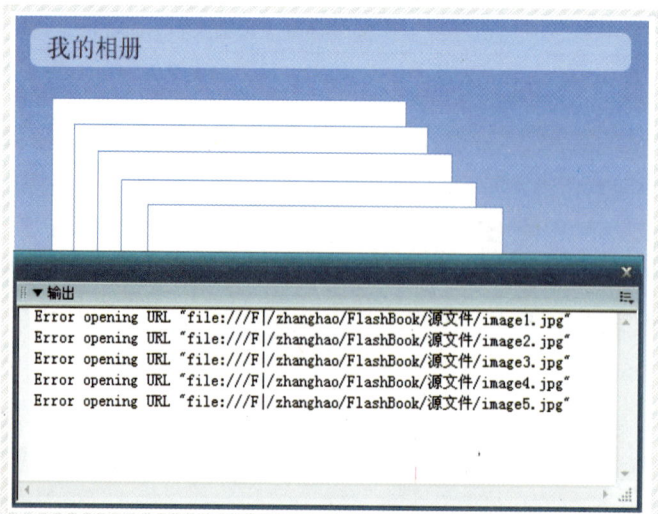

【输出】面板用于代码中某些设定值的输出显示，如果代码执行过程有误，也会在【输出】面板中提示出来。

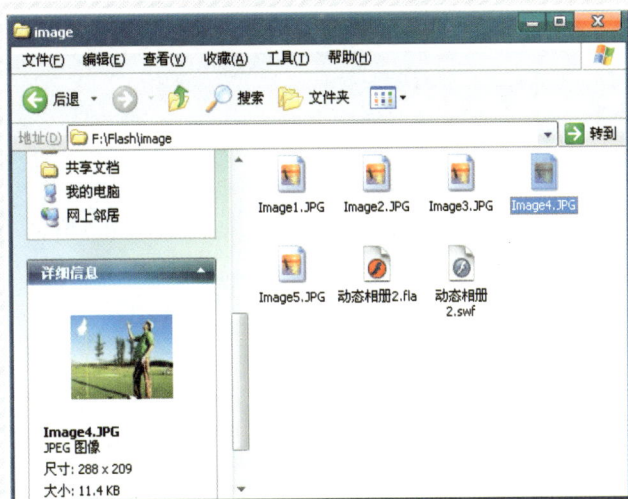

10．将动画文件保存到某一目录下，打开该目录所在的文件夹，将五幅图片复制到该文件夹中，并将图片名称依次命名为："image1"、"image2"、"image3"、"image4"和"image5"，如图 9 所示。此处的文件名对应图 7 代码中绿色字体显示的文件名，读者可以修改，但要保证两处文件名相同，如果不想将图片和 Flash 动画文件放置在同一文件夹下，则需要将图 7 中代码的绿色部分改为图片的绝对路径，比如："f:\myphoto\0523\imag1.jpg"）；

11．修改好图片路径以后，此时再按 Ctrl+Enter 发布测试动画，没有错误提示了，图片正确显示了出来，并且可以用鼠标拖动，对比图 10 中和图 1 中的图片就不难发现本例中动态相册的特性了。

现在来总结一下本例中提到的鼠标行为。在 on（）代码后的括号中，填写的是鼠标的行为，除了本例中提到的 press、release 外，常用的还有 rollOut 和 rollOver；rollOut 的意思是当鼠标指针"滑出"代码所在的元件时触发大扩号内的事件，而 rollOver 的意思是鼠标指针"滑过"元件时触发事件，前者在鼠标移出时触发，而后者是移入时触发。

第5章

特效动画　更上层楼

本章要点

- ☑ 添加声音 —— 有声有色
- ☑ 特效动画 —— 蜡烛燃烧
- ☑ 特效动画 —— 动态按钮
- ☑ 特效动画 —— 雪花漫天
- ☑ 综合实例：海边风景

章　首　语

　　特效动画不是 Flash 动画的基本类型，而是综合运用前几章所讲的各种基本动画的综合制作，是为了实现某种效果而制作的一种动画。它可以重复应用于不同的动画中，但是制作比较复杂，因此特效动画的技巧性很高，而且综合性也很强。

　　通过前面几章的学习，相信读者已经掌握了 Flash 动画的基本制作方法。本章我们就综合利用这些知识，通过实例来学习几种动画特效的制作技巧，将这些特效加入动画中，为动画增光添彩。同时本章还将介绍动画中添加声音的方法。通过本章的学习，读者将更进一步了解 Flash 动画，学会使用特效和声音为一部动画润色，使动画更加生动。

添加声音——有声有色

声音是一部电影的灵魂，同样，如果没有声音，动画的表现力也会下降许多。对于一部音乐动画来说，音乐就更是动画的中心了。本节，我们将学习如何给一部动画添加声音和如何编辑控制声音。声音的添加也是通过【导入】命令来进行的，和导入图片类似，只是在导入时选择声音文件即可，如图 1 所示。

可以导入到 Flash 中的声音格式有 mp3 和 wav，其他类型的声音文件不能导入

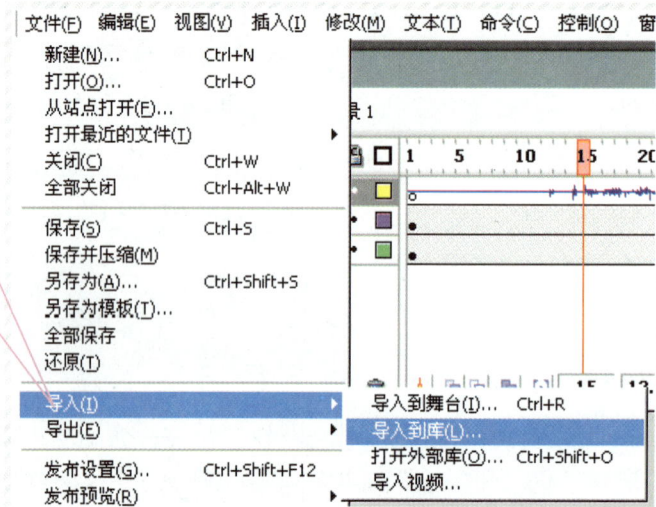

所有导入到 Flash 文档中的声音都会自动添加到库中，在【库】面板上的预览窗口中会显示选中声音的波形图，单击预览窗口右上角的小三角按钮可以播放声音，如图 2 所示。Flash 8 中的声音播放方式有两种，一种是声音独立于时间轴连续播放，当其开始播放时会一直播放到结束；另一种是与时间轴同步，动画停止时声音也停止。

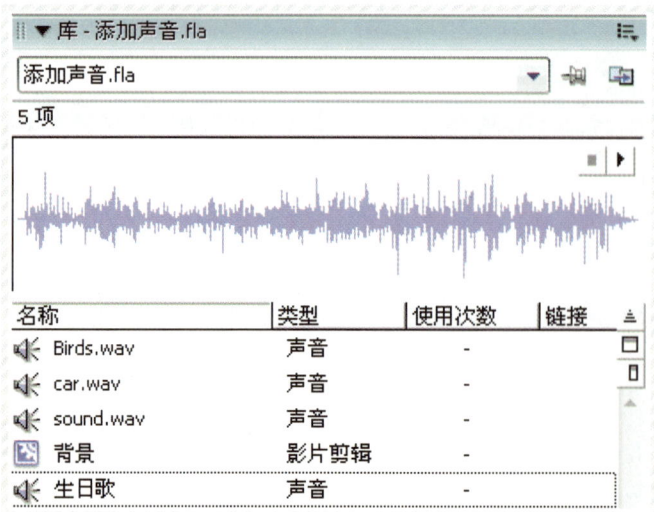

提示与说明

对于用脚本控制的动画，主场景中一般只有一帧，此时声音的控制不适合以时间轴同步的方式播放。

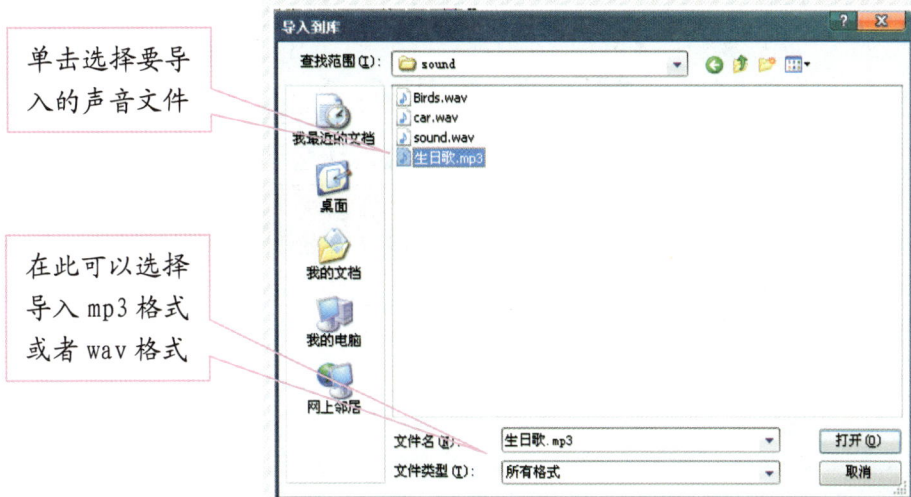

单击选择要导
入的声音文件

在此可以选择
导入 mp3 格式
或者 wav 格式

3

（一）添加声音

当把声音文件导入到 Flash 文档中后，就可以在时间轴上添加声音了，不添加到时间轴上的声音是不会在动画中播放的，下面以一个例子来说明声音的添加方法。

首先打开一个制作好的动画，本例中选择一个生日快乐的动画，我们要给动画中加上"生日歌"的背景音乐。

1. 执行【文件】|【导入】|【导入到库】命令，在弹出的对话框中选择"生日歌"音乐，如图 3 所示；

2. 按【插入图层】按钮新建一个图层，命名为"声音层"。从库中将"生日歌"音乐拖入到场景中，按 F6 按钮在第 500 帧插入关键帧，此时可以看出"声音层"中的时间轴中显示出声音的波形图，如图 4 所示，这说明声音已经添加成功，此时添加的声音当动画播放时就会开始播放，并且将一直播放到结束，中间不会停止，即使动画暂停，声音也会继续，这当然不是我们所希望的。下面我们通过"编辑声音"来解决这个问题。

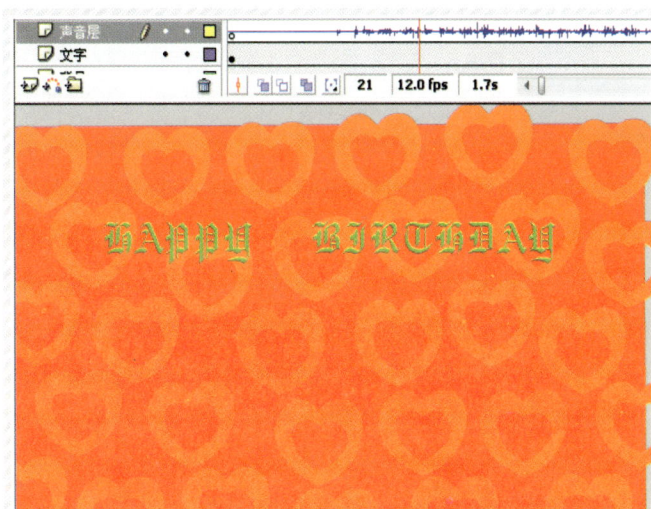

4

提示与说明

可以将声音看成一类特殊的动画元件，对它可以进行其他动画元件一样的操作，同时声音文件有着自己特殊的编辑方式。

声音属性在【属性】面板中的最右边,包括3个选项。

(二)编辑声音

声音的简单编辑在【属性】面板中设置即可,我们单击"声音层"中的任意一帧,【属性】面板会如图5所示。各选项的意义如下。

"声音"下拉列表:该列表中列出了当前 Flash 文档中导入的所有声音文件;

"效果"下拉列表:该列表中包括7个选项,分别用于控制声音播放时左右声道选择、左右声道的渐变、音量的逐渐增大和减小;

"同步"下拉列表:该列表中包括"事件"、"开始"、"停止"和"数据流"4个选项。"事件"即当动画播放到声音所在的关键帧时,声音就开始播放,并且一直播放到结束;"数据流"即流式声音,动画与声音同步播放,声音分布在时间轴的每一帧上,动画暂停时,声音也暂停。前面例子中我们所提到的声音播放问题,在此选项中将选项设置为"数据流"即可解决,声音动画就同时播放或停止了。"开始"和"停止"选项与"事件"模式类似,只是设定声音的开始和结束。声音属性选项列表效果如图6所示。

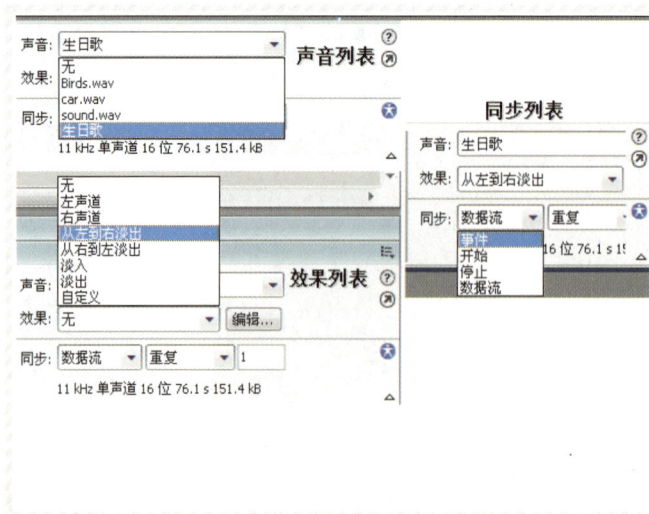

"同步"选项中的"事件"选项多用于播放很短的音效,而"数据流"选项多用于播放背景音乐。

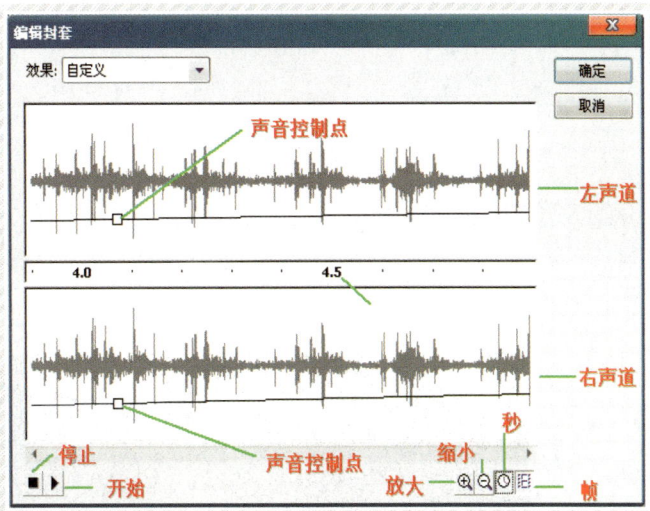

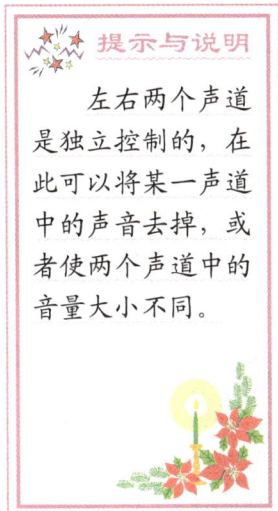

声音编辑器：前面提到的几种声音编辑方式只能对声音进行简单的编辑，如果需要进一步对声音效果进行调整，就需要用到"声音编辑封套"。在"声音"列表中选中一个声音，单击"效果"下拉列表右边的【编辑】按钮，就可以打开"编辑封套"对话框，如图7所示。该对话框中各手柄及按钮的功能如下：

声音控制点：拖动【声音控制点】手柄，可以改变声音在播放时音量的高低。需要增加控制点时，在控制线上单击即可，将控制点拖出窗口即可将其删除。控制点位置越高声音越大。【放大】和【缩小】按钮可以控制窗口中的声音波形图的大小，以便于对波形进行微调。【秒】和【帧】按钮可以转换窗口中央的标尺，使其按秒或帧数来度量声音波形的图样。

声音的压缩：在【库】面板中双击声音文件前的图标，会弹出"声音属性"对话框，在该对话框中可以选择声音压缩的比率，如图8所示。声音文件越小越好，但如果压缩比太大，则会影响音质。

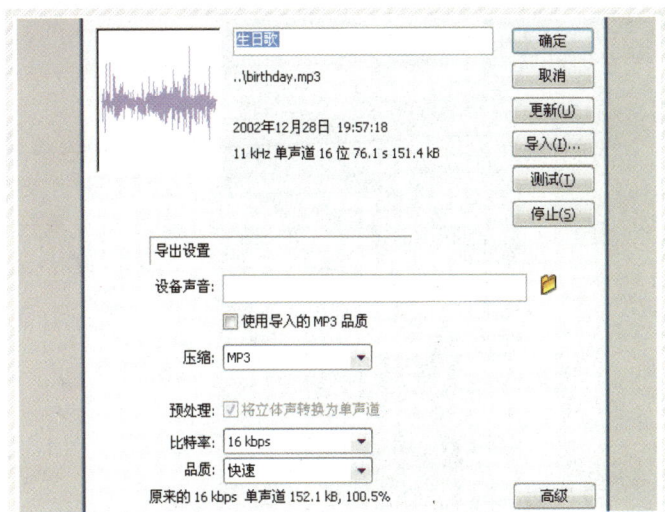

特效动画——蜡烛燃烧

视觉特效是 Flash 动画的一个重要部分，特效动画有个共同的特征就是动画作品可以作为一个部分加入到其他的作品当中，成为该动画作品的一部分，或者能为动画作品中的某个特定场景服务。这一节我们就制作一个蜡烛燃烧的特效，完成后只要对做其简单的加工，就可用于生日蛋糕、黑夜场景等动画中。动画的效果如图 1 所示。

光晕效果

火焰效果

1. 新建 Flash 文档，设置场景大小为 400×300，背景色为黑色；
2. 选择"图层 1"，将其改名为"蜡烛"，然后在场景中绘制蜡烛的烛身，即使用"矩形工具"绘制一个矩形，然后将用"箭头"工具将矩形上端稍微拉出一些弯曲，最后对矩形使用"线性渐变"填充颜色，完成后的效果如图 2；

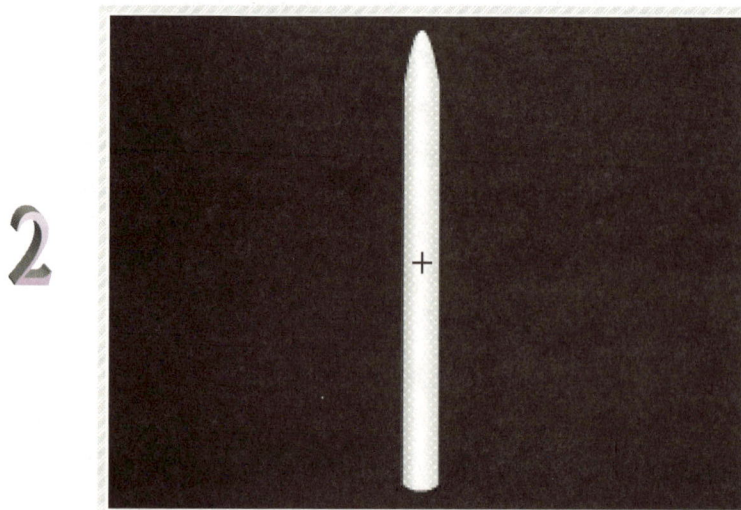

提示与说明

对于柱状物体使用线性渐变填充，对于球状物体使用放射性渐变填充，就可以使物体富有立体感。

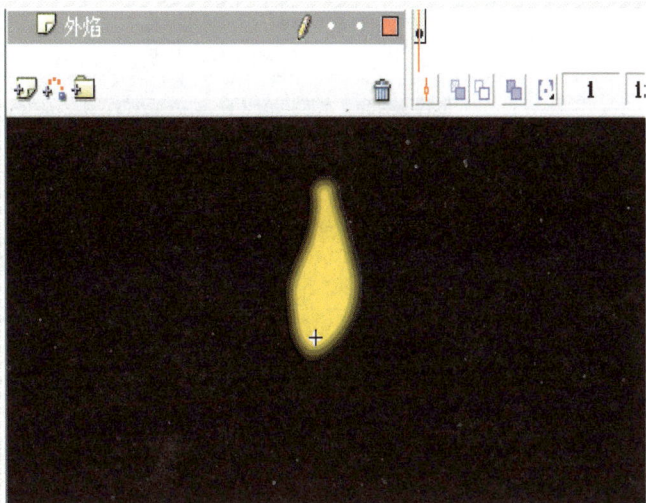

3．单击【插入图层】按钮增加一个新图层，并将其命名为"火焰"，接着执行【插入】|【新建元件】命令新建一个名为"火"的影片剪辑元件，按【确定】按钮。

4．进入影片剪辑"火"的编辑状态，选择"图层 1"将其改名为"外焰"，使用"钢笔"工具在场景中绘制如图 3 所示的图案，同时在【混色器】面板中降低填充色的透明度为 50%，再绘制两个类似的图案并将它们重叠起来；

5．在第 13 帧按 F6 插入一个关键帧，调整 13 帧中火焰的形状和透明度，然后选中全部帧并生成"形状补间动画"，继续在第 6 帧插入一个关键帧，也将该帧中的蜡烛形状和透明度修改；

6．单击"插入图层"按钮增加一个新图层，将其命名为"内焰"，类似于第 4 步，使用"钢笔"工具在场景中勾勒出一个红色火焰。大家都知道，蜡烛燃烧时，内焰为红色，外焰为黄色，这里我们将其分别制作于两层之中，可以更细腻地表现蜡烛燃烧的效果。最后，对内焰也做类似与第 5 步中的动画处理，完成后效果如图 4 所示；

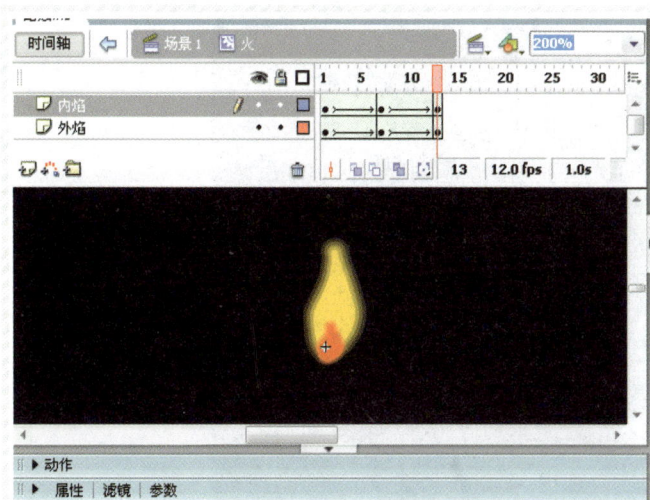

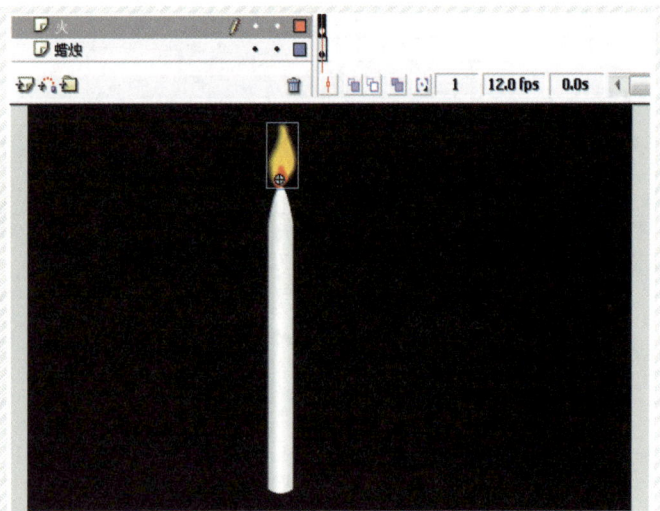

5

7. 按时间轴上方的"场景 1"按钮回到场景 1 中，从库中将影片剪辑元件"火"拖放到图层"火焰"的第 1 帧内，如图 5 所示；

完成上述步骤，我们的主要工作就差不多完成了，此时可以对动画进行测试了。接下来我们要给动画增加一些细节，对动画进行润色；

8. 单击【插入图层】按钮增加一个新图层，并将其命名为"光晕"，在这一层里，将制作蜡烛燃烧时烛焰所产生的光晕效果。首先，在工作区中绘制一个 160×160 的圆，删除边线，在【填充】面板中选择放射性渐变对图形填充。渐变的左色块设置为黄色，透明度为 60%，右色块设置为白色，透明度为 0%，效果如图 6 所示。这样就模拟出了蜡烛燃烧时光晕的效果；

9. 因为蜡烛燃烧时火焰闪烁会导致环境光线的强弱变化，所以我们要对光晕进行一下处理，使其随着烛火的闪烁而变化。选中刚才制作的光晕圆图案，按 F8 将其转化成一个影片剪辑，并命名为"光晕效果"；

6

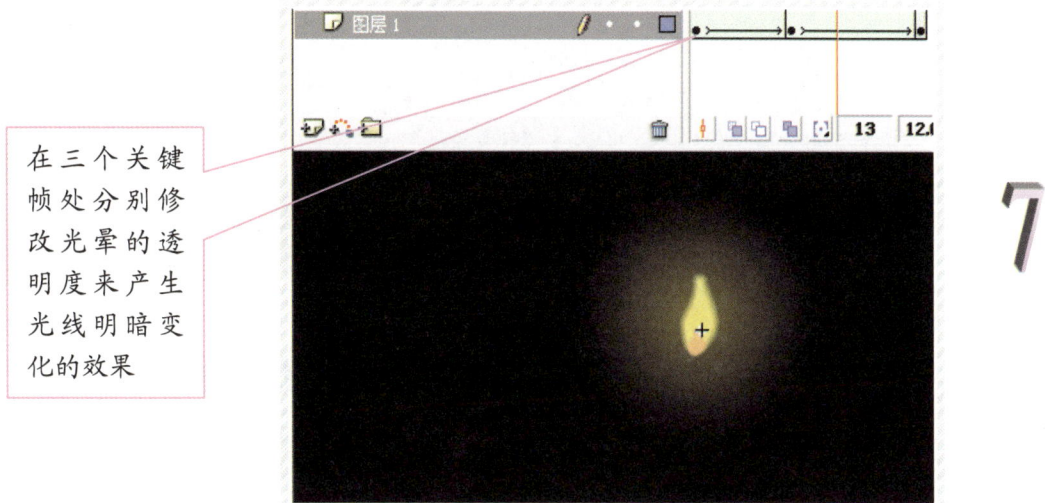

在三个关键帧处分别修改光晕的透明度来产生光线明暗变化的效果

10．进入影片剪辑元件"光晕效果"的编辑状态，在时间轴第20帧按F6插入一个关键帧，修改黄色色块的透明度为30%，然后选中所有帧，生成"形状补间动画"，接着在第10帧再插入一个关键帧，并将黄色色块的透明度为50%，如图7所示；

11．最后再给蜡烛加上一个蜡滴融化流下的效果，如图8所示。执行【插入】|【新建元件】新建一个"蜡滴"影片剪辑并对其编辑，用"钢笔"工具勾出一个蜡滴的形状，并对其填充蜡烛的颜色。在第20帧插入一个关键帧，同时将该帧中的"蜡滴"大小改为5%，并向下调整"蜡滴"的位置，选中所有帧做"动作补间动画"，使"蜡滴"产生向下流淌并逐渐粘在蜡烛身上的效果。

至此整个蜡烛燃烧的动画就制作完成了，在这个动画中"火焰"是核心。我们制作好这个火焰效果以后，在其他的动画中，如果用到了火焰效果，都可以直接运用本例中所制作的效果，或者对其稍作修改，通过这种组件重用，就可以加快我们动画制作的速度，可以使制作者将更多的精力集中在动画的构思上。

提示与说明

越是精美的动画，越是体现在细节上。动画的主体就好像房屋，而细节的润色就好比装修，是动画制作中必不可少的一个环节。

特效动画——动态按钮

　　按钮是 Flash 动画中的一个常用功能，不论是在 Flash 游戏中，还是在网页或各种动画中，都会有按钮的身影。由于按钮的可重用性很强，因此可以将其看作为特效动画的一种。在执行【插入】|【新建元件】命令时，弹出的对话框中有三个单选框，选中其中的"按钮"，然后【确定】就可以新建一个按钮，如图 1 所示。

"影片剪辑"、"按钮"和"图形"是 Flash 动画中元件的三种基本形式

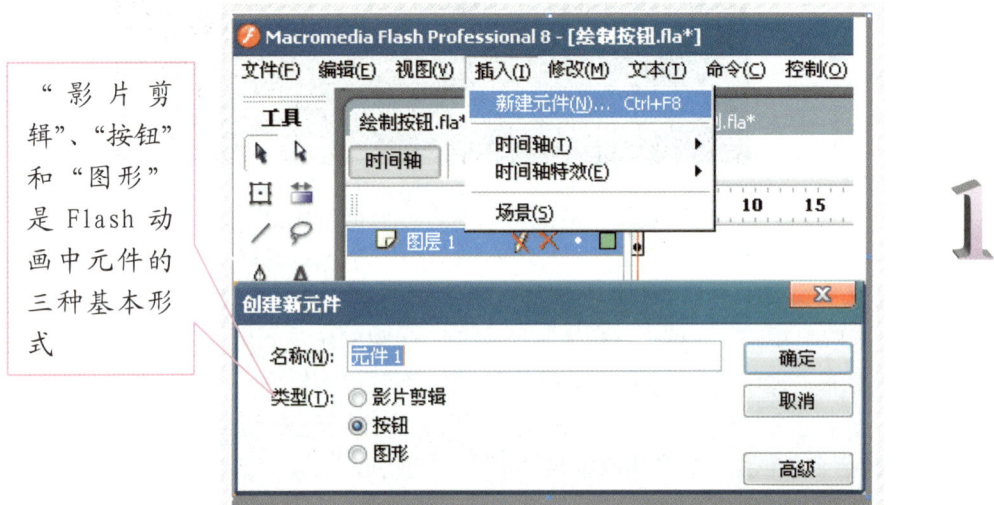

　　按钮是一种特殊的元件，它的时间轴显示和普通影片剪辑有所不同。如图 2 所示，按钮的时间轴包括 4 个帧，分别是："弹起"、"指针经过"、"按下"和"点击"。绘制按钮时需要在 4 个帧中分别绘制不同的图形以对应不同的鼠标事件。"弹起"帧对应正常情况下按钮的样式。"指针经过"帧对应当鼠标经过按钮元件时按钮所显示的样式。

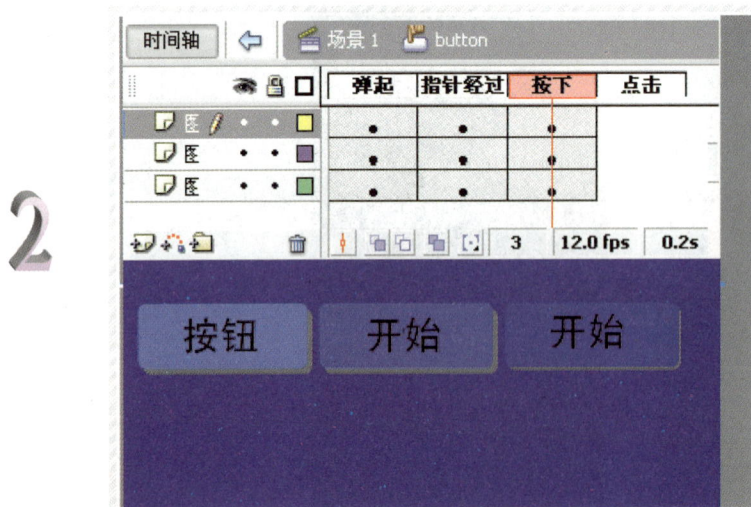

提示与说明

　　图中从左到右三个按钮图形分别对应按钮的"弹起"、"指针经过"、"按下" 3 个帧中不同的状态。

"按下"帧对应鼠标左键按下时的按钮元件形状。"点击"帧简单地说就是按钮可以接受鼠标感应的有效区域，点击帧中的对象是隐藏的，不会显示在最终发布的动画中。

下面通过两个实例介绍按钮的绘制方法以及怎样将其用于影片控制。

实例一：制作按钮

1. 新建一个 Flash 文档，场景大小为 400×300。执行【插入】|【新建元件】命令，在弹出对话框中选中"按钮"，并命名为 button，然后按【确定】，就新建了一个按钮元件；

2. 新建一个图层，选中图层 2。在"弹起"帧中使用"矩形"工具绘制一个 181×60 的圆角矩形，圆角数值为 10，颜色为#0066FF。将矩形复制并用【粘贴到当前位置】命令粘贴到图层 1 中的"弹起帧中"，颜色改为#666666，并按键盘下方向键和右方向键各 3 次，微调位置，完成后如图 3 所示；

3. 在图层 1 和图层 2 中分别按 F6 在"指针经过"、"按下"帧中插入关键帧，并选中图层 2 中"按下"帧中的矩形，调整其位置和下方矩形重合，如图 4 所示；

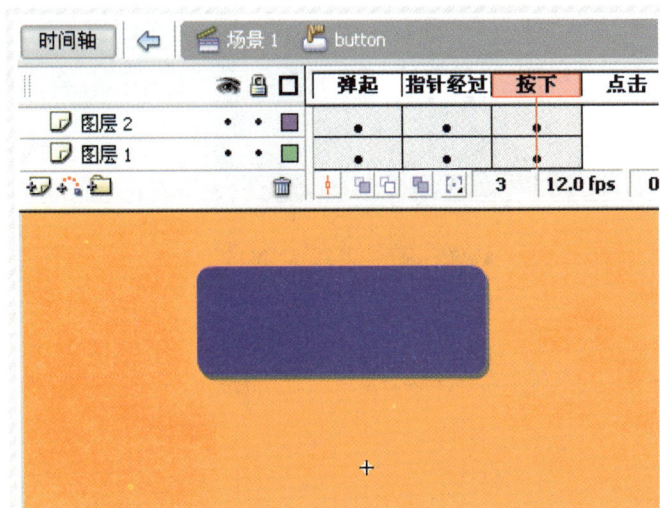

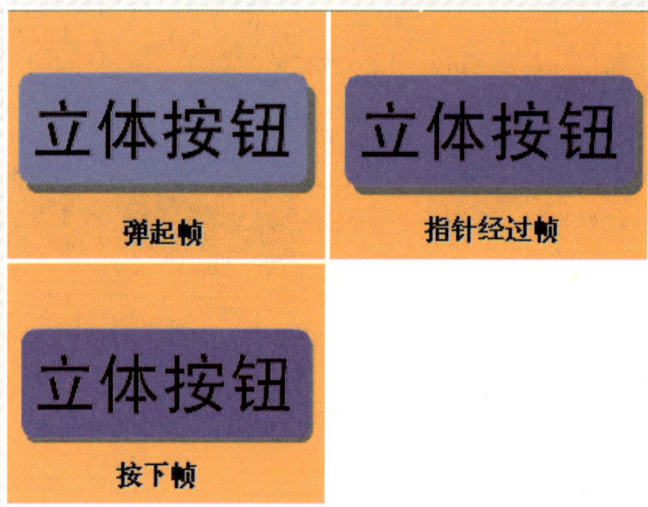

弹起帧　指针经过帧

按下帧

4. 修改图层 2 中"指针经过"帧和"按下"帧中的矩形颜色为#0033FF，这样，当鼠标经过按钮时，按钮颜色就会有变化；

5. 新建一个图层，在图层中输入文字："立体按钮"，大小为 40、字体为黑体，调整位置使其位于矩形中央，至此整个按钮就完成了。图 5 分别示例了按钮的几个不同状态。

按钮绘制好以后，可以点击并有动态效果，但是此时它并不能实现其他功能，比如控制影片的开始和停止等，要实现这些效果需要在按钮添加上脚本。下面的例子中，我们来实现这个功能。

实例二：影片播放控制

1.首先我们制作一个简单的动画用于控制，新建一个 Flash 文档，场景大小为 400×300，背景色为#000066，在场景中绘制一个五角星，并使其做旋转动画。然后按照实例一的方法绘制两个按钮，并将两个按钮的文字分别改为"开始"和"停止"，最后插入图层并将按钮添加到该图层的第 1 帧中，位置如图 6 所示；

开始　停止

提示与说明

play()函数和gotoAndPlay() 函数的区别是：前者执行后将从当前帧继续播放，后者会跳转到括号内指定的帧继续播放。

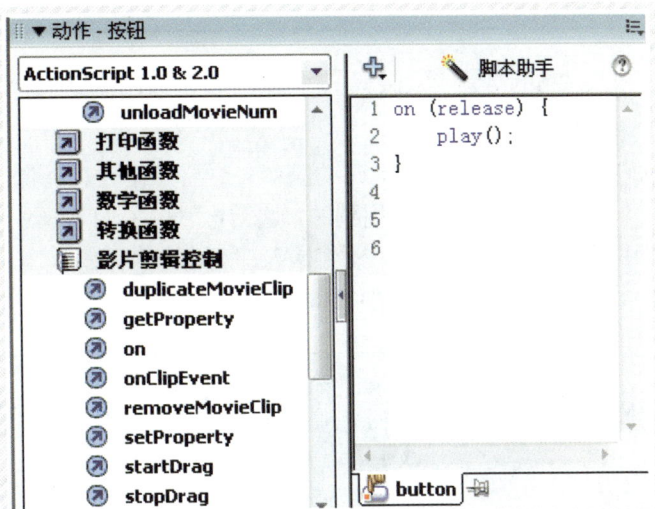

下面给按钮添加代码。

2. Flash 动画默认设置是自动播放的，当动画一打开就开始播放，我们首先要使动画一开始就停止。按 F9 打开【动作】面板，选中按钮所在层的第 1 帧，在脚本输入区输入 stop();，这样动画播放时就会停止在第 1 帧不动，等待进一步的指令；

3. 选中【开始】按钮并在【动作】面板中输入如图 7 中的代码，此段代码的意义是当鼠标左键单击该按钮时，动画继续播放；

4. 选中"停止"按钮并在【动作】面板中输入如图 8 中的代码，此段代码的意义是当鼠标左键单击该按钮时，动画停止在当前帧，不继续播放；

添加完代码后，按 Ctrl+Enter 测试动画，单击【开始】和【停止】按钮，会发现动画的播放完全由按钮控制了，一个按钮控制动画播放的效果就完成了。

从这个例子中可以看出，按钮的动态特性对应于按钮的绘制部分，而对影片控制是由按钮上添加的脚本来完成的，两部分缺一不可，一起才能组成一个完整的按钮。

提示与说明

stop()函数会使影片停止在当前帧不再播放，可以直接添加在帧中，如果添加在元件中需要事件触发，本例中通过鼠标单击触发。

特效动画——雪花漫天

本节我们将学习另一个特效动画的制作——雪花漫天。在制作一个动画或者 MV 时，风、雨、雷、电、雪等效果是常常用到的，这类自然现象的动画一般是将其单独制作开发，在其他动画中需要时将其作为一个元件嵌入即可，这样做既提高了开发速度，又增加了元件的可重用性，是动画制作者常常使用的方法。

随机的雪花效果

动画的效果如图 1 所示，下面我们介绍其制作过程。

1．新建 Flash 文档，设置场景大小为 550×400，背景色为黑色；

2．选择图层 1，将图层 1 改名为"背景"，执行【文件】|【导入】|【导入到舞台】命令导入一幅雪景图片，如图 2 所示；

提示与说明

最好导入一幅矢量图片，因为 Flash 本身是矢量绘图软件，对矢量图的支持比较好。

也可以将雪花绘制成真实的雪花形状，但是由于图形比较复杂，当动画播放时，会占用大量的系统资源。

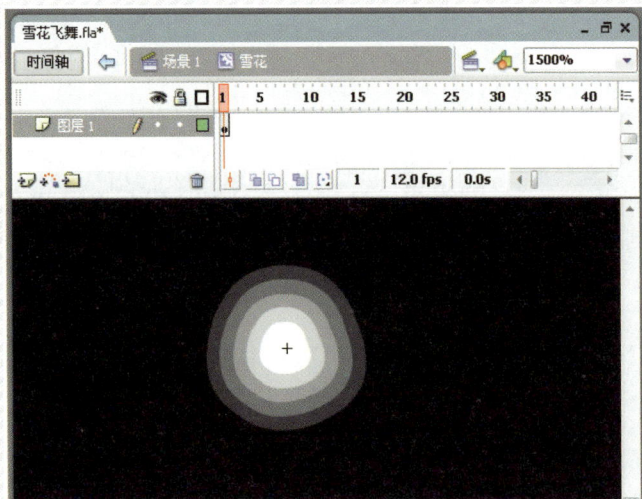

3．执行【插入】|【新建元件】，新建一个影片剪辑，命名为"雪花"，并对"雪花"剪辑进行编辑。在场景中绘制一个如图 3 中所示的雪花，选择填充色为白色，用"刷子"工具在场景中点击一下即可绘制出一个圆形图案，然后将刷子的笔触调小，在同样的位置上将小圆涂出来，每次绘制完一个圆后修改圆的透明度，透明度从外向内从 0 依次增大到 100。

至此，本例中所有需绘制的工作全部完成，接下来要做的就是添加脚本代码，通过脚本控制雪花的生成和下落。

4．按时间轴上方的【场景 1】按钮回到场景 1 中，按【插入图层】按钮新建一个图层，并将图层更名为"脚本"，选中该层第 1 帧，按 F9 打开【动作】面板，输入以下代码：

```
onLoad=function(){                               //当影片 Load 后，开始执行本函数
    n=260;                                       //设定雪花数量
    for(var i=1;i<=n;i++){
        attachMovie("snow","snow"+i,i);          //向场景中添加雪花
        var x1=Math.round(110*Math.random()+6);  //控制 x 方向雪花的大小
        var y1=Math.round(50*Math.random()+31);  //控制 y 方向雪花的大小
        with(this["snow"+i]){
            _x=550*Math.random();                //随机设定雪花在 x 轴的产生位置
            _y=440*Math.random();                //随机设定雪花在 y 轴的产生位置
            _xscale=x1;                          //设定 x 方向雪花的缩放比例
            _yscale=y1;                          //设定 y 方向雪花的缩放比例
            _alpha=y1;                           //设定雪花的透明度
            _rotation=x1;                        //设定雪花的旋转角度
            this["snow"+i].x=Math.cos(Math.PI*Math.random());
            this["snow"+i].y=2+2*Math.random();  //设定雪花下落的速度
        }
    }
```

```
onEnterFrame=function(){          //当动画播放时，执行本函数
    for(var i=1;i<=n;i++){        //建立一个循环，复制雪花
        with(this["snow"+i]){     //为每一个新建的雪花命名
            _x+=x;                 //雪花的 x 坐标
            _y+=y;                 //雪花的 y 坐标
            _rotation+=y;          //设置雪花的旋转角度，和 y 坐标值相同
            if(_y>400){
                _y=0; }            //如果雪花飞出画面底部，则将其放置到最顶部
            else if(_x>550){
                _x=0;}             //如果雪花飞出画面右边，则将其放置到最左端
                else if(_x<0){
                _x=550;}
        }
    }
}
```

　　代码的意义在每一行后的注释中都有解释，这个例子中的脚本有点长，但并不复杂，读者参考注释很容易理解。

　　输入完代码后，就可以按 Ctrl+Enter 测试影片了，如果没有提示代码错误，则可以看到如图 1 的动画了，如果弹出了错误窗口，则脚本输入有错误，回到脚本输入区，修改脚本然后再测试。

　　我们在前面提到过特效动画的特点就是可重用性，现在我们来通过一个小例子来说明这一点。一般情况下表现冬天的动画中都会出现与雪有关的场景，如果我们要给此类动画添加下雪效果，只要将本例中的"雪花"元件复制到要添加下雪效果的动画库中，并在该动画中新建一层，将本例中的动作代码复制到新建层中即可。图 4 中是我们给前面一节的钟表动画加上雪花特效的情形，当然，这么做只是为了说明一下添加的方法。

提示与说明

　　Flash 动画的表现力非常丰富，能模拟出许多自然现象，读者可以从本例出发，尝试自己实现风雨雷电等的效果。

综合实例：海边风景

通过前面的学习，相信大家已经掌握了 Flash 动画的制作方法，以及一些简单的脚本控制技巧。本节我们将综合运用本书中所介绍的所有动画制作方法来完成一个综合的、比较复杂的动画，该动画展示了初夏海边的景色，通过草地、花朵、海风、帆船等一些元素来体现，动画的最终效果如图 1 所示。

飞翔的海鸥

随风飘动的
蒲公英

这个例子既包括了补间动画、引导层动画等以前我们所学过的基本动画形式，也包括了本章中刚介绍过的脚本动画，同时，在制作过程中我们更注重对大家制作一个整体动画能力的培养，会侧重于元件的细节制作和整体组合的介绍。下面我们就开始制作：新建 Flash 文档，设置影片背景大小 600×400，背景颜色为黑色，帧频为 30；如图 2 所示。

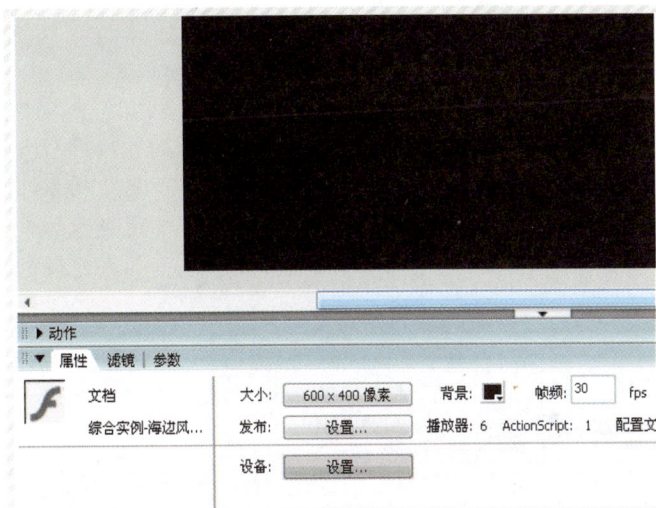

提示与说明

本例中的帧频比较大，是为了更细腻地表现帆船和海鸥的运动特点。

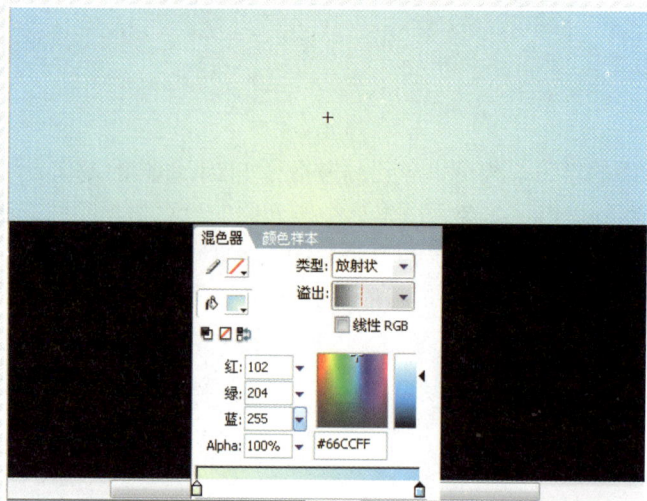

提示与说明

填色时"油漆桶"工具点击的位置不同，最后的填充效果就不同。

3

下面是制作背景过程。

1. 执行【插入】|【新建元件】命令，新建一个图形元件，命名为"天空背景"。进入编辑状态，使用"矩形"工具绘制一个矩形，大小为 600×170，删除边线，同时在【混色器】面板中修改填充类型为"放射状"，并将左右两个色块的颜色分别改为#E2FFBB 和#66CCFF，透明度都为 100%，最后使用"油漆桶"工具在矩形中间单击着色，完成后效果如图 3 所示；

2. 执行【插入】|【新建元件】命令，新建影片剪辑，名称为"海洋背景"。进入编辑状态，同样使用"矩形"工具绘制一个大小为 600×195 的矩形，删除边线，填充色改为从上至下的线性，两个滑块的颜色分别设置为#00CCFF 和#0099CC；

3. 两个背景制作完成后，按"场景 1"按钮回到场景 1 中，将"图层 1"改名为"天空"。按【插入图层】按钮新建一个图层，并改名为"海洋"，从库中将"天空背景"和"海洋背景"分别拖入到"天空"和"海洋"图层中，调整位置如图 4 所示，再新建一个图层并命名为"草地"；

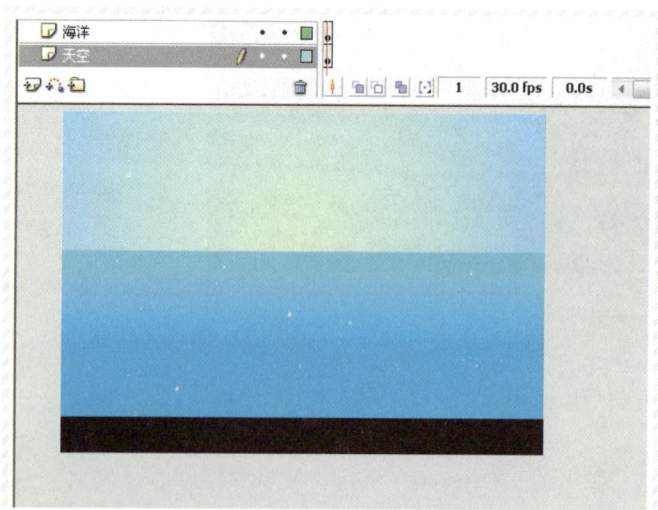

4

提示与说明

注意将两个组件边缘对齐并恰好位于场景中间，使用键盘方向键微调两个元件的位置。

4．接下来我们制作草地背景，首先绘制一簇小草，执行【插入】|【新建元件】命令，再新建一个影片剪辑，名称为"草"，对其编辑。使用"铅笔"工具绘制如图5的一簇草的图案，具体形状读者可自行调整。绘制好后，在【混色器】面板中修改填充类型为"放射状"并新增一个色块，三个色块的颜色从左向右分别设置为：#6FB900、#49AA00、#0E5500，最后对小草进行填色；

5．制作完小草后，我们要将小草作变形组合，制作成一大片草地。执行【插入】|【新建元件】命令新建一个图形元件并命名为"草地"，对其编辑。使用"刷子"工具选择不同的绿色绘制出一片土地形状，笔触大小随意；

6．新建一个图层，将刚才绘制好的"草"元件拖入到场景中，多拖入几个，随意地放置在土地之上，使用"自由变形"工具改变"草"的大小和角度，并在【属性】|【颜色】|【Alpha】选项中设置其透明度从60%~80%，完成后效果如图6所示；

这一步中的数值读者可以自行调整，总之使草地显得自然生动就可以。

使用白色笔触绘制出花瓣上的高光效果，使用深色绘制出花瓣的阴影效果

以下为制作花朵的过程。

7. 接下来我们制作一朵花，执行【插入】|【新建元件】命令，新建一个影片剪辑，命名为"花"。使用"刷子"工具绘制一个如图7中所示的花朵，也可以导入一幅图片做参考，用"直线"工具勾勒出其轮廓，然后填色。

这里我们只简单介绍了一下花朵的绘制，因为一个动画中的组件很多，制作每一个组件都会涉及最基本的绘制过程，而手绘过程需要一定的美术功底，对于一些复杂的效果，初学者可能很难完成。但我们可以从网上搜索一些现有素材，或者通过临摹制作，以减小动画开发的工作量；

8. 执行【插入】|【新建元件】命令，新建一个影片剪辑，命名为"花摆动"，将"花"元件拖入到其中，在第 15 帧、50 帧、70 帧各插入一个关键帧，改变 15 帧和 50 帧的花朵角度，分别设置为 9°和 - 2°，并选中前 50 帧，按右键选择【创建补间动画】生成花朵随风摇摆的效果，如图 8 所示。

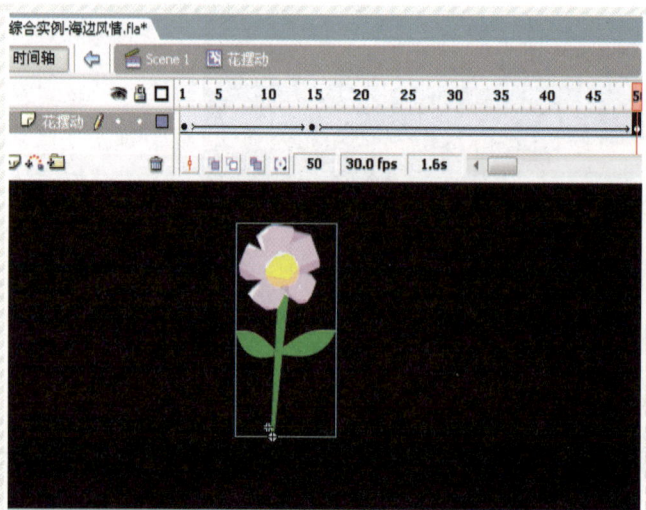

提示与说明

读者可以按本页的方法制作几种不一样的花朵，以增加动画的效果。

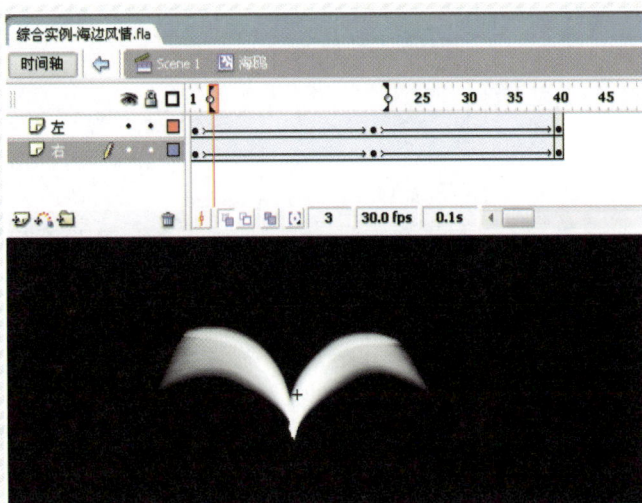

以下为制作海鸥的过程。

9. 执行【插入】|【新建元件】命令4次，新建4个影片剪辑元件，分别命名为"海鸥飞翔"、"海鸥"、"海鸥右翅膀"和"海鸥左翅膀"。从元件的名字中读者就可以看出我们制作海鸥的步骤了，下面我们分步来制作；

10. 进入"海鸥左翅膀"元件编辑状态，使用"刷子"工具，颜色为白色，绘制出海鸥的左翅膀。同样的方法绘制右翅膀，完成后进入"海鸥"元件编辑状态。新建一个图层，将两个翅膀元件分别拖入一层，在第20帧和40帧各插入一个关键帧，并调整第20帧的海鸥翅膀角度，使其向上扭转一些，最后生成一个海鸥扇动翅膀的动作动画，如图9所示；

11. 进入"海鸥飞翔"元件的编辑状态，新建一个图层，并将其图层属性改为"引导层"。在该层中使用"铅笔"工具绘制一条海鸥飞翔的路径，并在第1000帧插入关键帧，如图10所示。同时将"海鸥"元件从库中拖入到下一层中，调整海鸥到引导路径的一端。在第1000帧插入一个关键帧，调整海鸥到引导路径的另一端，然后生成动作补间动画；

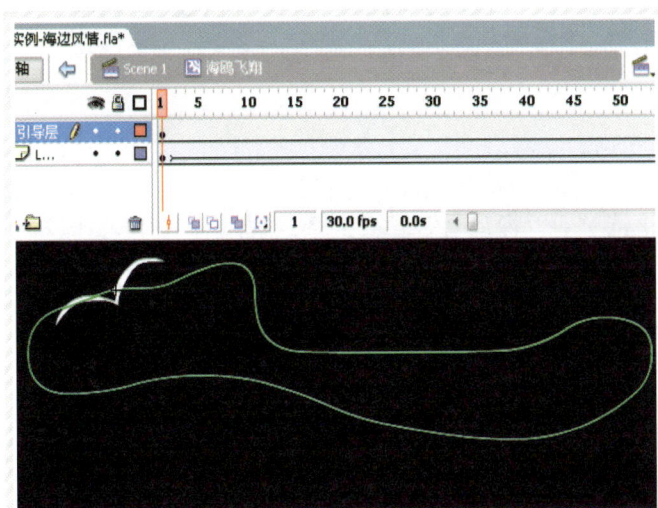

帆船的绘制很简单，通过 4 根线条就勾勒出来了，但这些简单的元件可为动画添色不少。

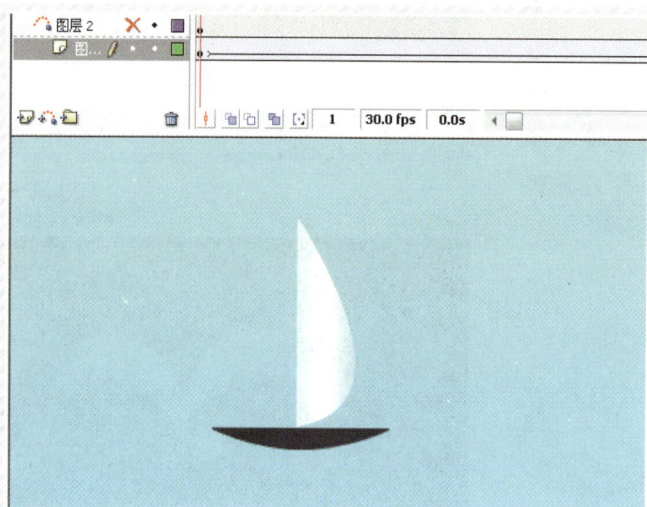

下面为制作帆船和蒲公英的过程。

12．执行【插入】|【新建元件】命令，新建一个影片剪辑，命名为"帆船"。首先制作船帆，使用"直线"工具绘制两条竖直平行线，然后使用"箭头"工具将其中一条拖出弧度，调整两条线闭合并填充颜色，船帆就制作好了。用同样的方法绘制出船身，颜色填充随意，本例的帆船效果如图 11 所示；

13．再新建一个"帆船运动"的元件，类似于第 12 步的方法，也通过引导层来制作一个帆船前进的动画，请读者自行制作，这里不再赘述；

14．接下来我们制作随风飘动的蒲公英，新建一个影片剪辑命名为"蒲公英"，在场景中使用白色线条绘制出蒲公英的茎，同时用白色的放射状填充绘制出蒲公英，如图 12 所示。再新建一个影片剪辑命名为"飘动的蒲公英"，将"蒲公英"元件拖入其中，并在第 30 帧、第 60 帧插入关键帧，然后将第 30 帧 "蒲公英"大小改为 70%、透明度改为 50%。最后选中所有帧，生成动作补间动画；

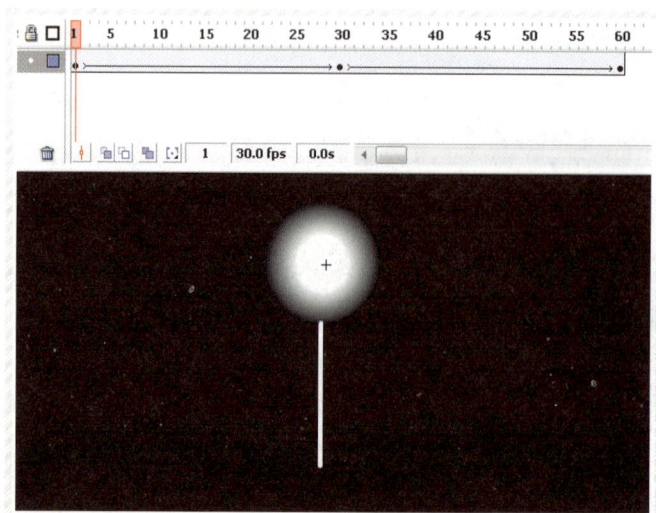

由于 Flash 是一个平面软件，因此物体的远近运动往往用透明度来表现。

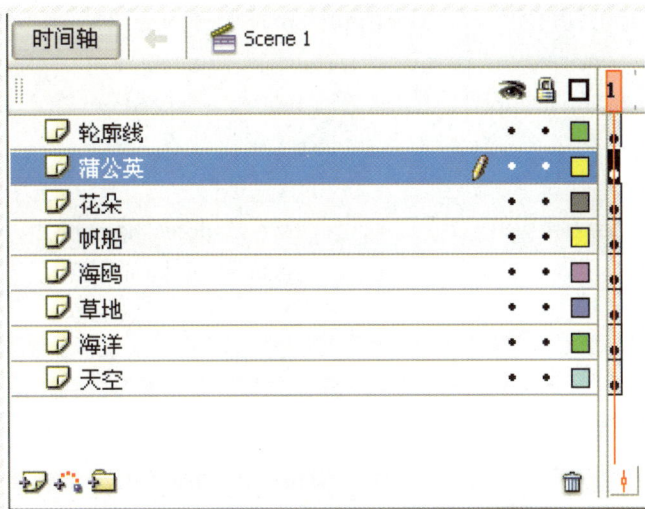

提示与说明

本例的图层比较多，库中的元件也比较多，要给图层和元件命名分类以便制作和修改方便。

至此，我们这个动画所需的基本组件已经制作完成，接下来要做的就是在场景中把各个构件"组装"起来，组成一个完整的动画。

以下是最后的组装动画过程。

15．首先按"场景1"按钮回到场景1中，新建6个图层，从上至下依次命名为："轮廓线"、"蒲公英"、"蒲公英1"、"花朵"、"帆船"、"海鸥"和"草地"，如图13所示。在这些图层中将分别放置刚才制作的各个元件；

16．从库中将"草地背景"元件拖入到"草地"图层中，拖入两次。选中其中的一个执行【修改】|【变形】|【水平翻转】命令，并将其放大置于场景右下角；单击"花朵"图层，从库中将"花摆动"元件拖入，拖入多次，使其自然地分布在草地上；将"帆船运动"拖入到"帆船"图层，置于场景左边线内；将"海鸥"元件拖入到"海鸥"图层中，拖入3次，放置于"天空"上，最后在"轮廓线"图层中使用粗细为2的黑实线沿场景边缘绘制4条直线作为边框，至此动画就组装完成了，效果如图14所示；

提示与说明

动画的组装过程是逐步调试测试的过程，不可能一次就成功，在组装过程中可能会需要对组件做进一步修改。

```
for (i=0; i<100; i++) {
    if (i) {
    duplicateMovieClip("l
0", "l"+i, i);
    }
    this["l"+i]._x = w+1;
}
stop();
```

```
onClipEvent (enterFrame) {
    if (this._x<=_parent.w) {
        this._x += speed;
    } else {
        _x = 0;
        _y = random(_parent.h);
        speed = random(5)+2;
        _xscale = 50+speed*4;
        _yscale = 50+speed*4;
    this.gotoAndPlay(int(random(this._totalFrames+
1)));
        this.l.gotoAndStop(int(random(4)));}}
```

15

制作飘动的蒲公英。

17. 双击"蒲公英"元件，对其编辑。选中第 1 帧，按 F9 打开【动作输入】面板，在其中输入如图 15 中左边的动作代码；同时左键单击"蒲公英"元件，在"蒲公英"元件上添加如图 15 中右边的代码。左边代码的意思是复制出 100 个"蒲公英"元件，右边的代码是控制每次复制出来的"蒲公英"元件的运动速度、初始位置和放大缩小倍数，我们可以看到代码中运用到了随机函数 random()。这样，"蒲公英"的运动就比较随意自然，不会显得死板，同时也不会影响动画的播放速度。

至此，整个动画就制作完成了。在动画制作中，我们综合运用了前面所学的各种动画知识。同时，由于动画的小组件很多，【库】面板中的文件很多，我们这里将其分别归类到了两个文件夹中以方便管理，如图 16 所示。本例中"蒲公英"的飘动是核心部分，由于蒲公英的随机运动特点，因此用脚本控制比手工制作大量的蒲公英效果要好得多，并且也省时省力，蒲公英飘动的脚本综合运用了我们所学过的两种脚本添加方式，请读者细心体会。

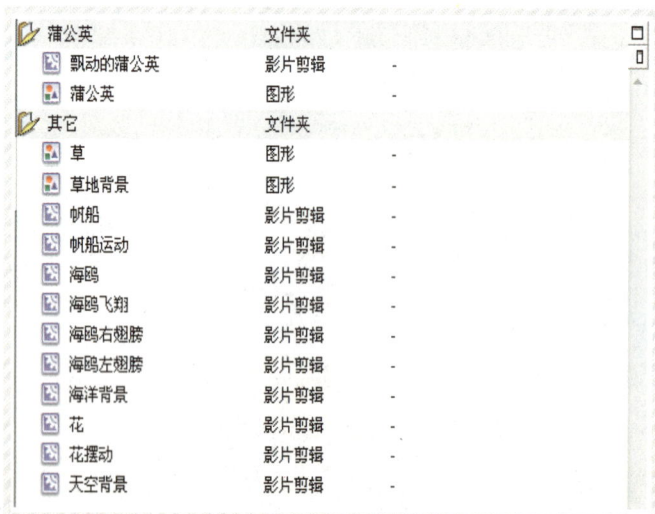

16

蒲公英	文件夹	
飘动的蒲公英	影片剪辑	-
蒲公英	图形	-
其它	文件夹	
草	图形	-
草地背景	图形	-
帆船	影片剪辑	-
帆船运动	影片剪辑	-
海鸥	影片剪辑	-
海鸥飞翔	影片剪辑	-
海鸥右翅膀	影片剪辑	-
海鸥左翅膀	影片剪辑	-
海洋背景	影片剪辑	-
花	影片剪辑	-
花摆动	影片剪辑	-
天空背景	影片剪辑	-

提示与说明

使用"库"文件夹管理分类库中的文件，是个很有效的办法。